Alyaa Farid

O que é a resposta imunitária?

Alyaa Farid

O que é a resposta imunitária?

ScienciaScripts

Imprint

Cover image: www.ingimage.com

This book is a translation from the original published under ISBN 978-620-2-30455-9.

Publisher:
Sciencia Scripts
is a trademark of
Dodo Books Indian Ocean Ltd. and OmniScriptum S.R.L publishing group

120 High Road, East Finchley, London, N2 9ED, United Kingdom
Str. Armeneasca 28/1, office 1, Chisinau MD-2012, Republic of Moldova, Europe
Managing Directors: Ieva Konstantinova, Victoria Ursu
info@omniscriptum.com

Printed at: see last page
ISBN: 978-620-8-60765-4

Conteúdo

Capítulo 1

Apresentação de antigénios

A apresentação de antigénios descreve um processo imunitário vital. As células imunitárias não conseguem penetrar noutras células, que podem estar infectadas com vírus ou bactérias, pelo que dependem da informação transmitida por fragmentos de componentes intracelulares apresentados em moléculas do complexo principal de histocompatibilidade (MHC) na superfície celular (fig. 1.1).

Do mesmo modo, muitos agentes patogénicos são demasiado grandes para serem reconhecidos diretamente pelas células imunitárias, tendo primeiro de ser digeridos em fragmentos mais pequenos que podem ser apresentados por células especializadas na apresentação de antigénios (APC), como as células dendríticas e os macrófagos.

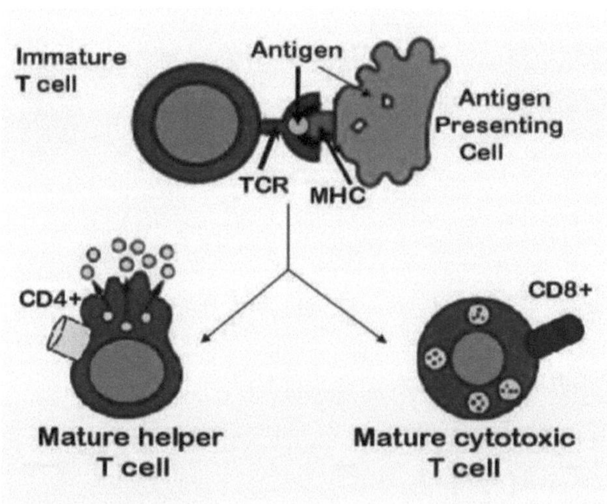

Fig. 1.1: resposta imunitária celular

Antigénios intracelulares: Classe I

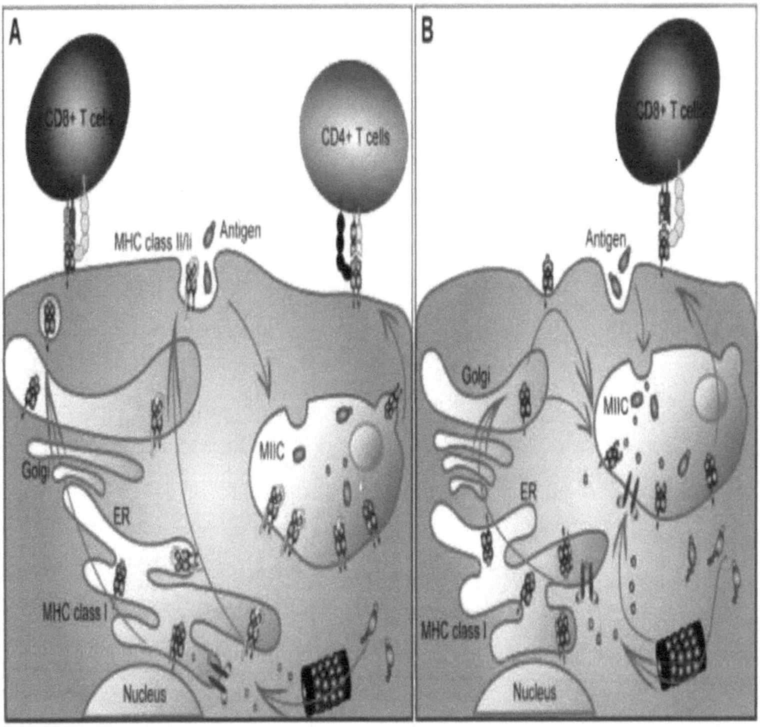

Fig. 1.2: A apresentação do antigénio estimula as células T a tornarem-se células CD8+ "citotóxicas" ou células CD4+ "auxiliares".

Como as células do corpo ficam frequentemente infectadas, as células T citotóxicas patrulham-nas regularmente e, sempre que encontram sinais de doença, iniciam processos para destruir a célula potencialmente nociva. Nalguns casos, trata-se de micróbios ingeridos ou de uma célula inundada por material viral. Para efetuar o reconhecimento, todas as células nucleadas do corpo (juntamente com as plaquetas) apresentam na sua superfície moléculas do complexo principal de histocompatibilidade ou MHC de classe I; estas apresentam péptidos, ou fragmentos de proteínas, provenientes do interior da célula. Se a célula for saudável, apenas serão apresentados os péptidos "próprios" derivados da própria célula; se, no entanto, tiver sido sequestrada por micróbios

Os péptidos "não próprios" ou estranhos aparecerão ao lado deles. As células T citotóxicas podem então monitorizar estas moléculas MHC e reconhecer facilmente as células perigosas. No processo de apresentação, a célula hospedeira decompõe as suas próprias proteínas citoplasmáticas em pequenos péptidos através de um complexo enzimático, o proteassoma. A proteína transportadora TAP, o transportador associado ao processamento dos antigénios, transporta então os péptidos para o retículo endoplasmático, onde é acoplado a uma molécula MHC e transportado para a superfície celular (fig. 1.2).

No retículo endoplasmático, o péptido é ancorado à ranhura de ligação ao péptido no piso do heterodímero a1-a2 da molécula MHC de classe I.

As células T citotóxicas CD8+ estão programadas para reconhecer péptidos acoplados às moléculas MHC de classe I em todas as células nucleadas. As células T citotóxicas (também conhecidas como CT, células T assassinas ou linfócitos T citotóxicos (CTL)) são uma população de células T especializadas em induzir a morte de outras células. O reconhecimento de péptidos antigénicos através da classe I pelas CTLs leva à morte da célula alvo, que pode estar infetada por um vírus, por uma bactéria intracitoplasmática ou estar danificada ou disfuncional. Por outro lado, os péptidos tolerados provenientes da renovação fisiológica de proteínas em células saudáveis serão ignorados. Ao induzir a citotoxicidade nas células doentes, as células T citotóxicas asseguram que o organismo se mantém saudável; as células eliminadas podem ser substituídas por células saudáveis.

Antigénios extracelulares: Classe II

As células dendríticas (DCs) fagocitam agentes patogénicos exógenos, como bactérias, parasitas e toxinas nos tecidos e depois migram, através de sinais quimiotácticos, para os gânglios linfáticos enriquecidos com células T. Durante a migração, as CDs passam por um processo de maturação no qual perdem a capacidade fagocítica e desenvolvem uma maior capacidade de comunicação com as células T nos gânglios linfáticos. Este processo de maturação depende da sinalização de outras moléculas de padrões moleculares associados a agentes patogénicos (PAMP) através de receptores de reconhecimento de padrões, como os membros da família dos receptores Toll-like.

A CD utiliza enzimas associadas aos lisossomas para digerir as proteínas associadas aos agentes patogénicos em péptidos mais pequenos. No gânglio linfático, a CD apresenta estes péptidos antigénicos na sua superfície, associando-os a moléculas MHC de classe II. Este complexo MHC: antigénio é então reconhecido pelas células T que atravessam o nódulo linfático. Os antigénios exógenos são geralmente apresentados em moléculas MHC de classe II, que interagem com as células T auxiliares $CD4^+$. Os linfócitos $CD4^+$, ou TH, são mediadores da resposta imunitária e desempenham um papel importante no estabelecimento e na maximização das capacidades da resposta imunitária adaptativa.

A expressão da Classe II é mais restrita do que a da Classe I. Encontram-se níveis elevados de Classe II nas células dendríticas, mas também podem ser observados em macrófagos activados, células B e vários outros tipos de células hospedeiras em condições inflamatórias.

Antigénios intactos: Apresentação às células B

Os receptores das células B ligam-se a antigénios intactos, não digeridos, em vez de se ligarem a proteínas que foram digeridas nos lisossomas e apresentadas por moléculas MHC. Por vezes, os antigénios pequenos encontram as células B depois de se difundirem sozinhos para os gânglios linfáticos, mas os pedaços maiores de antigénio intacto parecem ser apresentados às células B pelas células dendríticas foliculares e pelos macrófagos. Aparentemente, os macrófagos que se apresentam às células B expressam níveis comparativamente baixos de enzimas lisossomais e, por isso, são menos propensos a digerir o antigénio que capturaram antes de o apresentarem.[1][2]

Célula apresentadora de antigénios

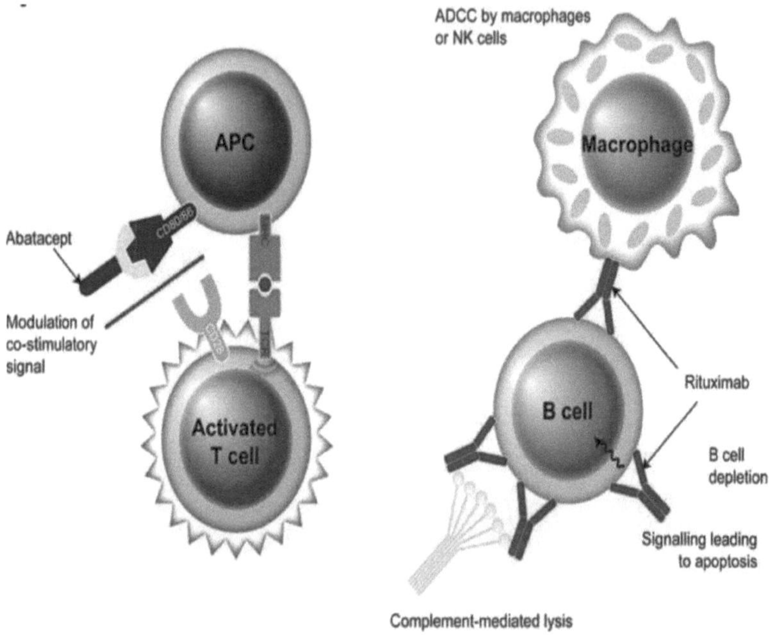

Fig. 1.3: A apresentação do antigénio estimula as células T a tornarem-se células CD8+ "citotóxicas" ou células CD4+ "auxiliares".

Uma **célula apresentadora de antigénios** (**APC**) ou **célula acessória** é uma célula que apresenta o antigénio complexado com complexos principais de histocompatibilidade (MHC) na sua superfície; este processo é conhecido como apresentação de antigénios. As células T podem reconhecer estes complexos utilizando os seus receptores de células T (TCR). Estas células processam os antigénios e apresentam-nos às células T.

Quase todos os tipos de células podem servir como alguma forma de APC. Encontram-se numa variedade de tipos de tecidos. As células apresentadoras de antigénios profissionais, incluindo os macrófagos, as células B e as células dendríticas, apresentam antigénios estranhos às células T auxiliares, enquanto outros tipos de células podem apresentar antigénios com origem no interior da célula às células T citotóxicas. Para além da família de proteínas MHC, a apresentação de antigénios depende de outras moléculas de sinalização especializadas nas superfícies das APCs e das células T.

As células apresentadoras de antigénios são vitais para uma resposta imunitária adaptativa eficaz, uma vez que o funcionamento das células T citotóxicas e das células T auxiliares depende das APC (fig. 1.3). A apresentação de antigénios permite a especificidade da imunidade adaptativa e pode contribuir para as respostas imunitárias contra agentes patogénicos intracelulares e extracelulares. Está também envolvida na defesa contra os tumores. Algumas terapias contra o cancro envolvem a criação de APCs artificiais para preparar o sistema imunitário adaptativo para atacar as células malignas.

Tipos e funções

As células apresentadoras de antigénios dividem-se em duas categorias: profissionais e não profissionais. As células que expressam moléculas MHC de classe II, juntamente com moléculas coestimuladoras e receptores de reconhecimento de padrões, são frequentemente designadas por **células apresentadoras de antigénios profissionais** [1].

As células T têm de ser activadas através da interação com uma APC profissional que apresente um antigénio que o seu recetor de células T reconheça, antes de se poderem dividir e desempenhar a sua função. A APC envolvida na ativação das células T é normalmente uma célula dendrítica. As células T não podem reconhecer e, por conseguinte, não podem responder a antigénios "livres" ou solúveis. Só podem reconhecer e responder a antigénios que tenham sido processados e apresentados pelas células através de moléculas transportadoras como as moléculas MHC. As células T auxiliares podem reconhecer o antigénio exógeno apresentado no MHC de classe II; as células T citotóxicas podem reconhecer o antigénio endógeno apresentado no MHC de classe I. A maior parte das células do organismo pode apresentar o antigénio às células T citotóxicas CD8+ através do MHC de classe I; no entanto, o termo "célula apresentadora de antigénio" é frequentemente utilizado para descrever especificamente as APC profissionais. Estas células exprimem moléculas MHC de classe I e MHC de classe II e podem estimular as células T auxiliares CD4+, bem como as células T citotóxicas. [2][3]

As APCs também podem apresentar lípidos estranhos e próprios às células T e às células NK utilizando a família de proteínas CD1, que são estruturalmente semelhantes à família MHC de classe I.[4]

Profissional

As APC profissionais são especializadas na apresentação de antigénios às células T.[5] São muito eficientes na internalização de antigénios, quer por fagocitose (macrófagos e células dendríticas), quer por endocitose mediada por receptores (células B), processando o antigénio em fragmentos peptídicos e exibindo depois esses peptídeos, ligados a uma molécula MHC de classe II, na sua membrana.[1]

A célula T reconhece e interage com o complexo de moléculas MHC de classe II do antigénio na membrana da célula apresentadora de antigénio. Um sinal co-estimulador adicional é então produzido pela célula apresentadora de antigénio, levando à ativação da célula T. A expressão de moléculas coestimuladoras e do MHC de classe II são caraterísticas que definem as APCs profissionais[1] Todas as APCs profissionais também expressam moléculas MHC de classe I[2].

Os principais tipos de células profissionais apresentadoras de antigénios são as células dendríticas, os macrófagos e as células B.[1]

Células dendríticas

As células dendríticas têm a mais ampla gama de apresentação de antigénios e são necessárias para a ativação de células T naive [1]. As CD apresentam antigénios tanto às células T helper como às células T citotóxicas. Podem também realizar a apresentação cruzada, um processo através do qual apresentam antigénio exógeno em moléculas MHC de classe I a células T citotóxicas. A apresentação cruzada permite a ativação destas células T.[2] As células dendríticas também desempenham um papel na tolerância periférica, o que contribui para a prevenção de doenças auto-imunes.[6]

Antes de encontrarem um antigénio estranho, as células dendríticas expressam níveis muito baixos de MHC de classe II e moléculas co-estimuladoras na sua superfície celular. Estas células dendríticas imaturas são ineficazes na apresentação de antigénios às células T auxiliares. Quando os receptores de reconhecimento de padrões de uma célula dendrítica reconhecem um padrão molecular associado a um agente patogénico, o antigénio é fagocitado e a célula dendrítica é activada, aumentando a expressão de moléculas MHC de classe II. Também regula positivamente várias moléculas coestimuladoras necessárias para a ativação das células T, incluindo CD40 e B7. Esta última pode interagir com CD28 na superfície de uma célula T CD4+.[2][7][8] A célula dendrítica é então uma APC profissional totalmente madura. Desloca-se do tecido para os gânglios linfáticos, onde encontra e ativa as células T.[1]

Macrófagos

Os macrófagos podem ser estimulados pela secreção de interferão gama pelas células

T.[9] Após esta ativação, os macrófagos são capazes de expressar MHC de classe II e moléculas co-estimulatórias, incluindo o complexo B7, e podem apresentar fragmentos de péptidos fagocitados às células T auxiliares.[7][8] A ativação pode ajudar os macrófagos infectados por agentes patogénicos a eliminar a infeção.[10]

Células B

As células B podem internalizar o antigénio que se liga ao seu recetor de células B e apresentá-lo às células T auxiliares.[1] Ao contrário das células T, as células B podem reconhecer antigénio solúvel para o qual o seu recetor de células B é específico. Podem então processar o antigénio e apresentar péptidos utilizando moléculas MHC de classe II. Quando uma célula T helper com um TCR específico para esse péptido se liga, o marcador de células B CD40 liga-se ao CD40L na superfície das células T. Quando activada por uma célula T, uma célula B pode sofrer uma mudança de isótipo de anticorpo, maturação de afinidade, bem como a formação de células de memória.

Não profissional

As células apresentadoras de antigénios não profissionais incluem todos os tipos de células nucleadas do corpo. Utilizam uma molécula MHC de classe I acoplada à microglobulina beta-2 para apresentar péptidos endógenos na membrana celular. Estes péptidos têm origem na própria célula, ao contrário do antigénio exógeno apresentado pelas APC profissionais que utilizam moléculas MHC de classe II. As células T citotóxicas são capazes de interagir com o antigénio endógeno apresentado através de uma molécula MHC de classe I. [As APCs não profissionais não expressam normalmente moléculas MHC de classe II. No entanto, observou-se que a apresentação de antigénios às células CD4+ através do MHC de classe II não se restringe às APCs classicamente profissionais. Outros leucócitos, incluindo os granulócitos, como os mastócitos e os neutrófilos, podem ser induzidos a fazê-lo, assim como as células endoteliais e epiteliais em determinadas circunstâncias. Mesmo assim, há poucas provas de que estas APCs atípicas sejam capazes de ativar células T CD4+ naive.

Interação com células T

Depois de as células dendríticas terem fagocitado os agentes patogénicos, migram normalmente para a vasta rede de vasos linfáticos e são transportadas pelo fluxo linfático para os gânglios linfáticos de drenagem. Cada gânglio linfático é um ponto de recolha onde as APCs podem interagir com as células T.[1] Durante a migração, as DCs passam por um processo de maturação: perdem a maior parte da sua capacidade de continuar a engolir os agentes patogénicos e amadurecem através da alteração da expressão superficial do MHC e das moléculas coestimuladoras, bem como do aumento da produção de citocinas. O antigénio internalizado é digerido em péptidos mais pequenos contendo epítopos, que são depois apresentados às células T pelo MHC.[2][11] As células B residem no nódulo linfático. Quando o seu recetor de células B se liga a um antigénio, podem interagir com as células T auxiliares activadas, tal como descrito acima.

Uma célula dendrítica que interage com uma célula T auxiliar já activada pode tornar-se licenciada. Isto ocorre através da interação de moléculas co-estimuladoras, incluindo B7 e CD40 na célula dendrítica, com CD28 e ligando CD40 na célula T. Apenas as células dendríticas licenciadas são capazes de ativar células T citotóxicas. O licenciamento das células dendríticas é fundamental para a ativação de células T citotóxicas para muitos agentes patogénicos, embora a medida em que a ajuda das células T é necessária possa variar.[12]

Nas moléculas MHC de classe I e de classe II, apenas determinados epítopos de um péptido internalizado podem ser apresentados. Estes epítopos são designados por imunodominantes.

Células apresentadoras de antigénios na terapia do cancro

As APC desempenham naturalmente um papel na luta contra os tumores, através da estimulação das células B e das células T citotóxicas para, respetivamente, produzirem anticorpos contra o antigénio relacionado com o tumor e matarem as células malignas. As células dendríticas, que apresentam o antigénio específico do tumor às células T, são fundamentais para este processo. As terapias contra o cancro têm incluído o tratamento do doente com um maior número de células dendríticas ou de células T específicas do cancro. No entanto, as terapias mais recentes têm recorrido a células apresentadoras de antigénios artificiais geneticamente modificadas, concebidas para estimular o sistema imunitário a atacar as células malignas. Algumas APC artificiais são derivadas de células humanas; outras são acelulares, contendo proteínas MHC, moléculas co-estimuladoras e os peptídeos necessários.[14][15]

Capítulo 2

Ativação das células T

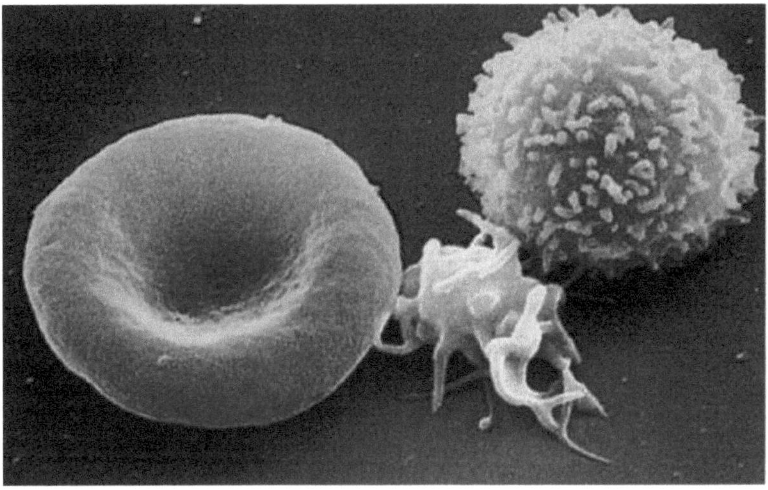

Fig. 2.1: Uma célula T ou linfócito T é um tipo de linfócito (um subtipo de glóbulo branco) que desempenha um papel central na imunidade mediada por células. As células T podem distinguir-se de outros linfócitos, como as células B e as células assassinas naturais, pela presença de um recetor de células T na superfície celular.

São designadas por células T (fig. 1.2) porque amadurecem no timo a partir dos timócitos[1] (embora algumas também amadureçam nas amígdalas[2]). Cada um dos vários subconjuntos de células T tem uma função distinta. A maioria das células T humanas reorganiza as suas cadeias alfa e beta no recetor celular e são denominadas células T alfa beta (células T αβ) e fazem parte do sistema imunitário adaptativo. As células T gama delta especializadas (uma pequena minoria de células T no corpo humano, mais frequentes nos ruminantes) têm receptores de células T invariantes com diversidade limitada, que podem apresentar eficazmente antigénios a outras células T[3] e são consideradas parte do sistema imunitário inato.

Efector

A categoria de célula T efectora é ampla e inclui vários tipos de células T que respondem ativamente a um estímulo, como a co-estimulação. Esta

inclui células T auxiliares, assassinas, reguladoras e potencialmente outros tipos de células T.

Ajudante

As células T helper (células TH) ajudam os outros glóbulos brancos nos processos imunológicos, incluindo a maturação das células B em plasmócitos e células B de memória, e a ativação de células T citotóxicas e macrófagos. Estas células são também conhecidas como **células T $CD4^+$** porque expressam a glicoproteína CD4 nas suas superfícies.

As células T auxiliares são activadas quando lhes são apresentados antigénios peptídicos por moléculas MHC de classe II, que são expressas na superfície das células apresentadoras de antigénios (APCs). Uma vez activadas, dividem-se rapidamente e segregam pequenas proteínas chamadas citocinas que regulam ou ajudam na resposta imunitária ativa. Estas células podem diferenciar-se num de vários subtipos, incluindo TH1, TH2, TH3, TH17, TH9 ou TFH, que segregam diferentes citocinas para facilitar diferentes tipos de respostas imunitárias. A sinalização da APC direciona as células T para subtipos específicos[4].

Citotóxico (assassino)

Nesta imagem de imunofluorescência, uma célula T citotóxica (azul) está a envolver uma célula alvo. Uma mancha de moléculas de sinalização (rosa) que se junta no local de contacto célula-célula indica que a CTL identificou um alvo. Os grânulos líticos (vermelho) que contêm componentes citotóxicos viajam então ao longo do citoesqueleto dos microtúbulos (verde) até ao local de contacto e são segregados, matando assim o alvo.

As células T citotóxicas (células T_C, CTLs, células T-killer, células T killer) destroem células infectadas por vírus e células tumorais, estando também implicadas na rejeição intransplante. Estas células são também conhecidas como **células T $CD8^+$**, uma vez que expressam a glicoproteína CD8 na sua superfície. Estas células reconhecem os seus alvos ligando-se a antigénios associados a moléculas MHC de classe I, que estão presentes na superfície de todas as células nucleadas. Através da IL-10, da adenosina e de outras moléculas segregadas pelas células T reguladoras, as células $CD8^+$ podem ser inactivadas para um estado anérgico, o que previne as doenças auto-imunes.

Memória

As células T de memória são um subconjunto de células T específicas do antigénio que persistem durante muito tempo após a resolução de uma infeção. Expandem-se rapidamente para um grande número de células T efectoras após a reexposição ao seu antigénio cognato, fornecendo assim ao sistema imunitário uma "memória" contra infecções passadas.

Desenvolvimento no timo

Todas as células T têm origem em células estaminais hematopoiéticas da medula óssea. Os progenitores hematopoiéticos (células progenitoras linfóides) das células estaminais hematopoiéticas povoam o timo e expandem-se por divisão celular para gerar uma grande população de timócitos imaturos[15]. Os primeiros timócitos não expressam nem CD4 nem CD8, pelo que são classificados como células duplamente negativas (CD4CD8). À medida que progridem no seu desenvolvimento, tornam-se timócitos duplamente positivos ($CD4^+$ $CD8^+$) e, por fim, amadurecem para timócitos *monopositivos* ($CD4^+$ CD8 ou CD4 CD8) que são depois libertados do timo para os tecidos periféricos.

Cerca de 98% dos timócitos morrem durante os processos de desenvolvimento no timo, falhando a seleção positiva ou a seleção negativa, enquanto os outros 2% sobrevivem e deixam o timo para se tornarem células T imunocompetentes maduras. Cada vez mais provas indicam que os microRNAs, que são pequenos RNAs reguladores não codificantes, podem ter impacto no processo de seleção clonal durante o desenvolvimento tímico. Por exemplo, verificou-se que o miR- 181a desempenha um papel na seleção positiva dos linfócitos T.[16]

O timo contribui com menos células à medida que a pessoa envelhece. Como o timo diminui cerca de 3%[17] por ano ao longo da meia-idade, ocorre uma queda correspondente na produção tímica de células T naive, deixando a expansão das células T periféricas desempenhar um papel mais importante na proteção dos indivíduos mais velhos.

Seleção beta

As células precursoras linfóides comuns que migram para o timo tornam-se conhecidas como precursores de células T (ou timócitos) e não expressam um recetor de células T. Em termos gerais, a fase dupla negativa (DN) centra-se na produção de uma cadeia β funcional, enquanto a fase dupla positiva (DP) se centra na produção de uma cadeia α funcional, produzindo, em última análise, um recetor de células T αβ funcional. À medida que o timócito em desenvolvimento progride através das quatro fases DN (DN1, DN2, DN3 e DN4), a célula T expressa uma cadeia a invariante, mas reorganiza o locus da cadeia β. Se a cadeia β rearranjada emparelhar com sucesso com a cadeia a invariante, são produzidos sinais que cessam o rearranjo da cadeia β (e silenciam o alelo alternativo) e resultam na proliferação da célula[18]. Embora estes sinais exijam este pré-TCR na superfície da célula, são independentes da ligação do ligando ao pré-TCR. Estes timócitos expressam então tanto CD4 como CD8 e progridem para a fase de duplo positivo (DP), onde ocorre a seleção da cadeia a. Se uma cadeia β rearranjada não conduzir a qualquer sinalização (por exemplo, como resultado de uma incapacidade de emparelhar com a cadeia a invariante), a célula pode morrer por negligência (falta de sinalização).

Seleção positiva

A seleção positiva "seleciona" as células T capazes de interagir com o MHC. A seleção positiva envolve a produção de um sinal por precursores duplamente positivos que expressam receptores restritos ao MHC de classe I ou II. O sinal produzido por estes timócitos resulta na repressão do gene RAG, na sobrevivência a longo prazo e na migração para a medula, bem como na diferenciação em células T maduras. O processo de seleção positiva demora alguns dias [19].

Os timócitos duplamente positivos (CD4 /CD8++) deslocam-se para o interior do córtex tímico, onde lhes são apresentados os auto-antigénios. Estes auto-antigénios são expressos pelas células epiteliais do córtex tímico em moléculas MHC na superfície das células epiteliais corticais. Apenas os timócitos que interagem com o MHC-I ou o MHC-II de forma adequada (ou seja, nem demasiado forte nem demasiado fraca) receberão um "sinal de sobrevivência" vital. Todos os que não o conseguirem (ou seja, se não interagirem de forma suficientemente forte ou se se ligarem de forma demasiado forte) morrerão por "morte por negligência" (sem sinal de sobrevivência). Este processo assegura que as células T selecionadas terão uma afinidade com o MHC que pode servir funções úteis no organismo (ou seja, as células devem ser capazes de interagir com o MHC e com complexos peptídicos para efetuar respostas imunitárias). A grande maioria dos timócitos acaba por morrer durante este processo.

O destino de um timócito é determinado durante a seleção positiva. As células duplamente positivas (CD4 /CD8++) que interagem bem com as moléculas MHC de classe II acabam por se tornar células $CD4^+$, ao passo que os timócitos que interagem bem com as moléculas MHC de classe I amadurecem em células $CD8^+$. Uma célula T transforma-se numa célula $CD4^+$ através da regulação negativa da expressão dos seus receptores de superfície CD8. Se a célula não perder o seu sinal, continuará a reduzir a expressão de CD8 e tornar-se-á uma célula $CD4^{+}$, mono-positiva.[20] Mas, se houver uma interrupção do sinal, a célula deixa de reduzir a expressão de CD8 e passa a reduzir a expressão de moléculas CD4, acabando por se tornar uma célula $CD8^{+}$, mono-positiva.

Este processo não remove os timócitos que podem causar autoimunidade. As células potencialmente auto-imunes são removidas pelo processo de seleção negativa, que ocorre na medula tímica (discutido abaixo).

Seleção negativa

A seleção negativa elimina os timócitos que são capazes de se ligar fortemente aos péptidos do MHC "self". Os timócitos que sobrevivem à seleção positiva migram para a fronteira entre o córtex e a medula do timo. Enquanto estão na medula, são novamente apresentados a um auto-antigénio apresentado no complexo MHC das células epiteliais tímicas medulares (mTECs)[21]. As mTECs têm de ser $AIRE^{+}$ para expressarem adequadamente auto-antigénios de todos os tecidos do corpo nos seus péptidos MHC de classe I. Algumas mTECs são fagocitadas por células dendríticas tímicas; isto permite a apresentação de auto-antigénios em moléculas MHC de classe II (as células $CD4^{+}$ selecionadas positivamente devem interagir com moléculas MHC de classe II, pelo que as APCs, que possuem MHC de classe II, devem estar presentes para a seleção negativa das células T $CD4^{+}$). Os timócitos que interagem demasiado fortemente com o auto-antigénio recebem um sinal apoptótico que leva à morte celular. No entanto, algumas destas células são selecionadas para se tornarem células Treg. As restantes células saem do timo como células T naive maduras (também conhecidas como emigrantes tímicos recentes). Este processo é um componente importante da tolerância central e serve para evitar a formação de células T auto-reactivas, capazes de induzir doenças auto-imunes no hospedeiro.

Em resumo, a seleção β é o primeiro ponto de controlo, em que as células T capazes de formar um pré-TCR funcional com uma cadeia alfa invariante e uma cadeia beta funcional são autorizadas a continuar o seu desenvolvimento no timo. Em seguida, a seleção positiva verifica se as células T conseguiram reorganizar o seu locus TCRα e se são capazes de reconhecer complexos peptídeo-MHC com a afinidade adequada. A seleção negativa na medula oblitera então as células T que se ligam demasiado fortemente aos auto-antigénios expressos nas moléculas MHC. Estes processos de seleção permitem a tolerância do sistema imunitário ao próprio indivíduo. As células T típicas que saem do timo (através da junção corticomedular) são auto-restritas, auto-tolerantes e mono-positivas.

Ativação

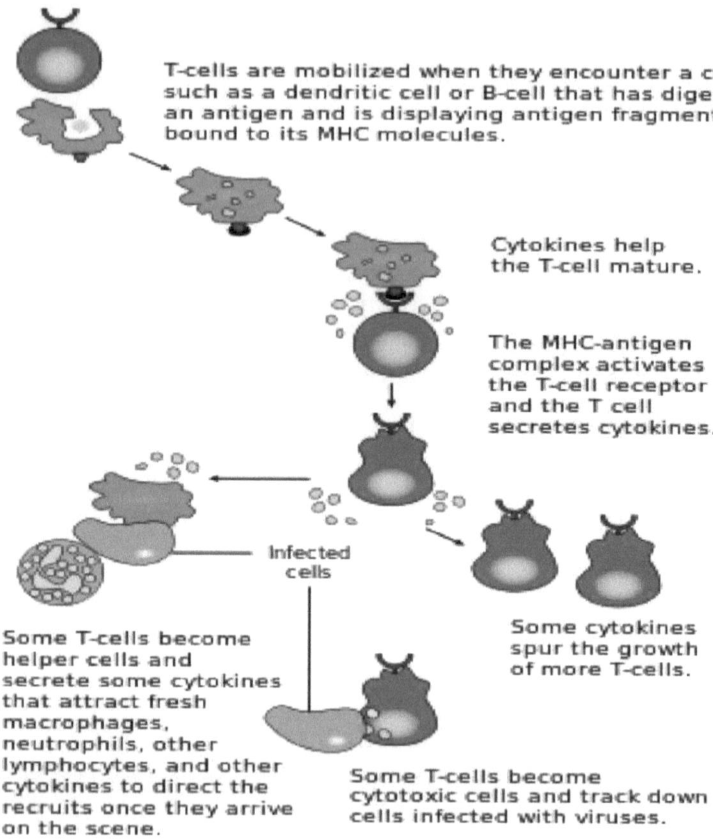

Fig. 2.2 : A via de ativação dos linfócitos T: As células T contribuem para as defesas imunitárias de duas formas principais: algumas dirigem e regulam as respostas imunitárias; outras atacam diretamente as células infectadas ou cancerosas.[22]

A ativação das células T CD4+ (fig. 2.2) ocorre através do envolvimento simultâneo do recetor de células T e de uma molécula co-estimuladora

(como o CD28 ou ICOS) na célula T pelo péptido do complexo principal de histocompatibilidade (MHCII) e por moléculas co-estimuladoras na APC. Ambas são necessárias para a produção de uma resposta imunitária eficaz; na ausência de co-estimulação, a sinalização dos receptores das células T resulta, por si só, em anergia. As vias de sinalização a jusante das moléculas co-estimuladoras envolvem geralmente a via PI3K, que gera PIP3 na membrana plasmática e recruta moléculas de sinalização que contêm o domínio PH, como a PDK1, que são essenciais para a ativação da PKCΘ e eventual produção de IL-2. Uma resposta óptima das células T CD8+ depende da sinalização CD4+ .[23] As células CD4+ são úteis na ativação antigénica inicial das células T CD8 naive e na manutenção das células T CD8+ de memória após uma infeção aguda. Por conseguinte, a ativação das células T CD4+ pode ser benéfica para a ação das células T CD8+ .[24][25][26]

O primeiro sinal é dado pela ligação do recetor de células T ao seu péptido cognato apresentado no MHCII de uma APC. O MHCII é restrito às chamadas células apresentadoras de antigénios profissionais, como as células dendríticas, as células B e os macrófagos, para citar algumas. Os péptidos apresentados às células T CD8+ pelas moléculas MHC de classe I têm um comprimento de 8-9 aminoácidos; os péptidos apresentados às células CD4+ pelas moléculas MHC de classe II são mais longos, normalmente com um comprimento de 12-25 aminoácidos,[27] uma vez que as extremidades da fenda de ligação da molécula MHC de classe II estão abertas.

O segundo sinal provém da co-estimulação, em que os receptores de superfície das APC são induzidos por um número relativamente pequeno de estímulos, geralmente produtos de agentes patogénicos, mas por vezes produtos de degradação das células, como os corpos necróticos ou as proteínas de choque térmico. O único recetor co-estimulador expresso constitutivamente pelas células T naive é o CD28, pelo que a co-estimulação para estas células provém das proteínas CD80 e CD86, que, em conjunto, constituem a proteína B7 (B7.1 e B7.2, respetivamente) na APC. Outros receptores são expressos após a ativação da célula T, como o OX40 e o ICOS, mas estes dependem em grande parte do CD28 para a sua expressão. O segundo sinal permite que a célula T responda a um antigénio. Sem ele, a célula T torna-se anérgica e torna-se mais difícil a sua ativação no futuro. Este mecanismo evita respostas inadequadas ao próprio organismo, uma vez que os auto-peptídeos não são normalmente apresentados com uma co-estimulação adequada. Depois de uma célula T ter sido activada de forma adequada (ou seja, ter recebido o sinal um e o sinal dois), altera a expressão de uma variedade de proteínas na sua superfície celular. Os marcadores da ativação das células T incluem CD69, CD71 e CD25 (também um marcador das células Treg) e HLA-DR (um marcador da ativação das células T humanas). A expressão de CTLA-4 também é aumentada nas células T activadas, o que, por sua vez, compete com o CD28 na ligação às proteínas B7. Trata-se de um mecanismo de controlo para evitar a ativação excessiva das células T. As células T activadas também alteram o seu perfil de glicosilação da superfície celular [28].

O recetor de células T existe como um complexo de várias proteínas. O recetor de células T propriamente dito é composto por duas cadeias peptídicas separadas, que são produzidas a partir dos genes independentes do recetor de células T alfa e beta (*TCRa* e *TCRβ*). As outras proteínas do complexo são as proteínas CD3: CD3εγ e CD3εδ heterodímeros e, mais importante, um homodímero CD3ζ, que tem um total de seis motivos ITAM. Os motivos ITAM no CD3ζ podem ser fosforilados por Lck e, por sua vez, recrutar ZAP-70. Lck e/ou ZAP-70 podem também fosforilar as tirosinas de muitas outras moléculas, nomeadamente CD28, LAT e SLP-76, o que permite a agregação de complexos de sinalização em torno destas proteínas.

O LAT fosforilado recruta o SLP-76 para a membrana, onde este pode então trazer o PLC-γ, VAV1, Itk e potencialmente PI3K. A PLC-γ cliva o PI(4,5)P2 no folheto interno da membrana para criar os intermediários activos diacilglicerol (DAG), inositol-1,4,5-trisfosfato (IP3); a PI3K também actua sobre o PIP2, fosforilando-o para produzir fosfatidilinositol-3,4,5-trisfosfato (PIP3). O DAG liga-se e ativa algumas PKCs. A mais importante nas células T é a PKCΘ, fundamental para a ativação dos factores de transcrição NF-κB e AP-1. O IP3 é libertado da membrana pela PLC-γ e difunde-se rapidamente para ativar os receptores dos canais de cálcio no ER, o que induz a libertação de cálcio para o citosol. O baixo nível de cálcio no retículo endoplasmático provoca a agregação do STIM1 na membrana do RE e leva à ativação dos canais CRAC da membrana celular, o que permite que o cálcio adicional flua para o citosol a partir do espaço extracelular. Este cálcio citosólico agregado liga-se à calmodulina, que pode então ativar a calcineurina. A calcineurina, por sua vez, ativa o NF AT, que depois se transloca para o núcleo. O NF AT é um fator de transcrição que ativa a transcrição de um conjunto pleiotrópico de genes, sendo o mais notável o da IL-2, uma citocina que promove a proliferação a longo prazo das células T activadas.

O PLCγ também pode iniciar a via do NF-κB. O DAG ativa a PKCΘ, que depois fosforila a CARMA1, fazendo com que esta se desdobre e funcione como um andaime. Os domínios citosólicos ligam um adaptador BCL10 através dos domínios CARD (Caspase activation and recruitment domains); que depois liga o TRAF6, que é ubiquitinado a K63:[513-523][29] Esta forma de ubiquitinação não conduz à degradação das proteínas alvo. Em vez disso, serve para recrutar NEMO, IKKα e -β, e TAB1-2/ TAK1.[30] TAK 1 fosforila IKK-β, que depois fosforila IκB permitindo a ubiquitinação em K48: leva à degradação proteossómica. O Rel A e o p50 podem então entrar no núcleo e ligar-se ao elemento de resposta do NF-κB. Isto, juntamente com a sinalização NFAT, permite a ativação completa do gene da IL-2.

Capítulo 3

Ativação de células B

As células B, também conhecidas como **linfócitos B**, são um tipo de glóbulo branco do subtipo linfocitário.[1]

Funcionam na componente de imunidade humoral do sistema imunitário adaptativo através da secreção de anticorpos.

Além disso, as células B apresentam o antigénio (também são classificadas como células profissionais apresentadoras de antigénio (APCs)) e segregam citocinas (fig. 3.1).[1]

Nos mamíferos, as células B amadurecem na medula óssea, que se encontra no centro da maioria dos ossos.[2] Nas aves, as células B amadurecem na bursa de Fabricius, um órgão linfoide. (O "B" de células B vem do nome deste órgão, onde foi descoberto pela primeira vez por Chang e Glick,[2] e não da medula óssea, como geralmente se pensa).

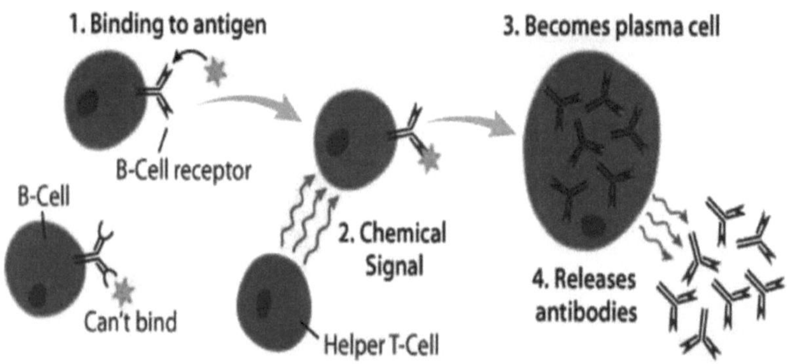

Fig. 3.1 : Função básica das células B: ligam-se a um antigénio, recebem ajuda de uma célula T auxiliar cognata e diferenciam-se numa célula plasmática que segrega grandes quantidades de anticorpos

As células B, ao contrário das outras duas classes de linfócitos, as células T e as células assassinas naturais, expressam receptores de células B (BCRs) na sua membrana celular.[1] Os BCRs permitem que a célula B se ligue a um antigénio específico, contra o qual iniciará uma resposta de anticorpos.[1]

Desenvolvimento

As células B desenvolvem-se a partir de células estaminais hematopoiéticas (HSC) que têm origem na medula óssea (fig. 3.2).[3] As HSC começam por se diferenciar em células progenitoras multipotentes (MPP) e depois em células progenitoras linfóides comuns (CLP).[A partir daqui, o seu desenvolvimento em células B ocorre em várias fases (mostradas na imagem à direita), cada uma marcada por vários padrões de expressão de genes e arranjos de loci de genes da cadeia H e da cadeia L da imunoglobulina, o último devido ao facto de as células B sofrerem recombinação V(D)J à medida que se desenvolvem.

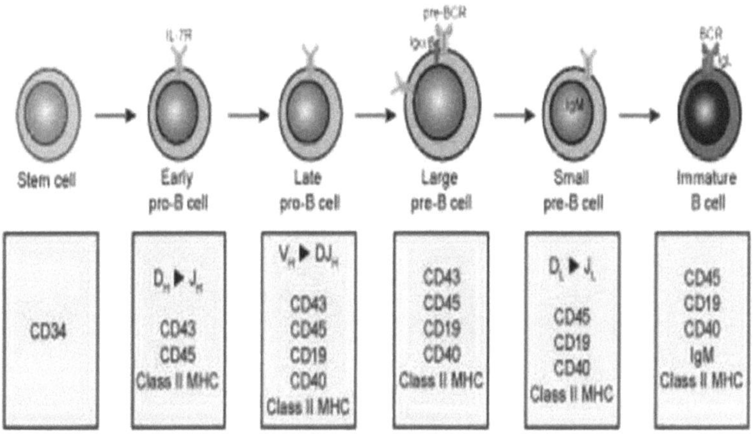

Fig. 3.2: Desenvolvimento inicial das células B: da célula estaminal à célula B imatura

As células B são submetidas a dois tipos de seleção enquanto se desenvolvem na medula óssea para garantir um desenvolvimento adequado. A seleção positiva ocorre através da sinalização independente do antigénio, envolvendo tanto o pré-BCR como o BCR[5][6]. Se estes receptores não se ligarem ao seu ligando, as células B não recebem os sinais adequados e deixam de se desenvolver. [5][6]

A seleção negativa ocorre através da ligação do auto-antigénio ao BCR; se o BCR conseguir ligar-se fortemente ao auto-antigénio, então a célula B sofre um de quatro destinos: eliminação clonal, edição do recetor, anergia ou ignorância (a célula B ignora o sinal e continua o desenvolvimento).[6] Este processo de seleção negativa conduz a um estado de tolerância central, no qual as células B maduras não se ligam aos auto-antigénios presentes no osso ..... _ [4]
medula.[]

Para completar o desenvolvimento, as células B imaturas migram da medula óssea para o baço e passam por duas fases de transição: [7] Durante a sua migração para o baço e após a entrada no baço, são consideradas células B T1.[8] No baço, as células B T1 passam a células B T2.[8] As células B T2 diferenciam-se em células B foliculares (FO) ou em células B da zona marginal (MZ), dependendo dos sinais recebidos através do BCR e de outros receptores.[9] Uma vez diferenciadas, são agora consideradas células B maduras ou células B naive (fig. 3.3).[8]

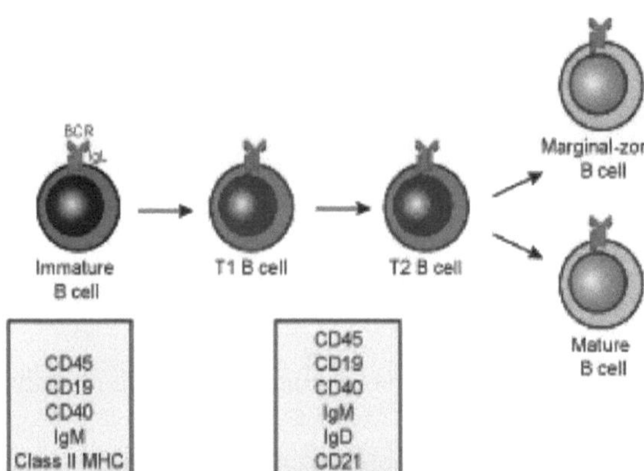

Fig. 3.3 : Desenvolvimento de células B de transição: de célula B imatura a célula B MZ ou célula B madura (FO)

Enquanto imaturas e durante a fase T1, as células B exprimem BCRCR da classe IgH, mas a expressão de BCR muda para as classes IgM e IgD após a transição para a fase T2 e enquanto maduras até à ativação.[8]

Ativação

A ativação das células B ocorre nos órgãos linfóides secundários (SLO), como o baço e os gânglios linfáticos[1]. Depois de as células B amadurecerem na medula óssea, migram através do sangue para os SLO, que recebem um fornecimento constante de antigénio através da circulação da linfa .[10] No SLO, a ativação das células B começa quando estas se ligam a um antigénio através do seu BCR[11].[O antigénio pode ser flutuante ou apresentado por APCs, como macrófagos ou células dendríticas (DCs),[11] e incluir proteínas, glicoproteínas, polissacáridos, partículas de vírus inteiras e células bacterianas inteiras[1]. Dos três subconjuntos de células B, as células B FO sofrem preferencialmente ativação dependente de células T, enquanto as células B MZ e as células B1 sofrem preferencialmente ativação independente de células T.[12]

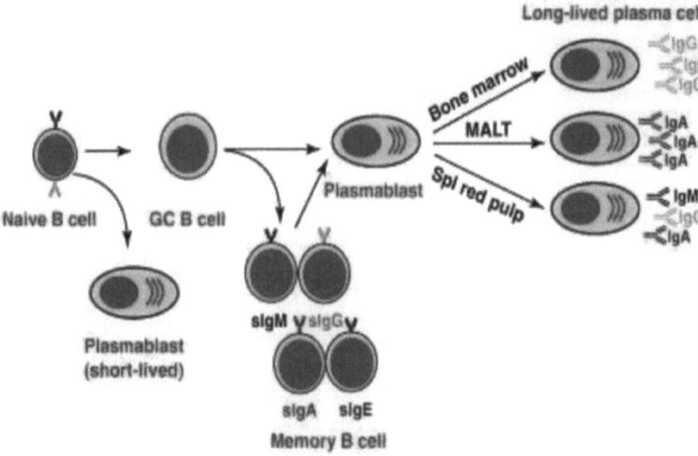

Fig. 3.4: Ativação das células B: de célula B imatura a célula plasmática ou célula B de memória

A ativação das células B é reforçada pela atividade do CD21, um recetor de superfície em complexo com as proteínas de superfície CD19 e CD81 (os três são coletivamente conhecidos como o complexo de coreceptores das células B). [Quando um BCR liga um antigénio marcado com um fragmento da proteína do complemento C3, o CD21 liga o fragmento C3, co-liga-se com o BCR ligado e os sinais são transduzidos através do CD19 e do CD81 para baixar o limiar de ativação da célula (fig. 3.4).

Ativação dependente de células T

Os antigénios que activam as células B com a ajuda das células T são conhecidos como antigénios dependentes das células T (TD) e incluem proteínas estranhas.[1] São assim designados porque são incapazes de induzir uma resposta humoral em organismos que não possuem células T.[1] A resposta das células B a estes antigénios demora vários dias, embora os anticorpos gerados tenham uma afinidade mais elevada e sejam mais versáteis do ponto de vista funcional do que os gerados a partir da ativação independente das células T.[1]

Quando um BCR liga um antigénio TD, o antigénio é absorvido pela célula B através de endocitose mediada pelo recetor, é degradado e apresentado às células T sob a forma de pedaços de péptidos em complexo com moléculas MHC-II na membrana celular.[15] As células T helper (T_H), normalmente células T helper foliculares ($T_{(FH)}$), que foram activadas com o mesmo antigénio, reconhecem e ligam estes complexos MHC-II-peptídeo através do seu recetor de células T (TCR).[Após a ligação TCR-MHC-II-peptídeo, as células T expressam a proteína de superfície CD40L, bem como citocinas como IL-4 e IL-21.[16] O CD40L serve como um fator co-estimulador necessário para a ativação das células B, ligando-se ao recetor de superfície das células B CD40, que promove a proliferação das células B, a mudança de classe de imunoglobulina e a hipermutação somática, bem como sustenta o crescimento e a diferenciação das células T. [As citocinas derivadas das células T ligadas aos receptores de citocinas das células B também promovem a proliferação das células B, a mudança de classe de imunoglobulina e a hipermutação somática, bem como orientam a diferenciação^[16] Depois de as células B receberem estes sinais, são consideradas activadas.

Agora activadas, as células B participam num processo de diferenciação em duas fases que produz tanto plasmablastos de curta duração para proteção imediata como plasmócitos de longa duração e células B de memória para proteção persistente.[12] A primeira fase, conhecida como resposta extrafolicular, ocorre fora dos folículos linfóides mas ainda no SLO.[12] Durante esta fase, as células B activadas proliferam, podem sofrer uma mudança de classe de imunoglobulina e diferenciam-se em plasmablastos que produzem anticorpos precoces e fracos, principalmente da classe IgM.[17] A segunda etapa consiste na entrada das células B activadas num folículo linfoide e na formação de um centro germinal (CG), que é um microambiente especializado onde as células B são submetidas a uma proliferação extensiva, mudança de classe de imunoglobulina e maturação de afinidade dirigida por hipermutação somática.[Estes processos são facilitados pelas células TFH no interior do CG e geram tanto células B de memória de alta afinidade como plasmócitos de longa duração.[12] Os plasmócitos resultantes segregam grandes quantidades de anticorpos e permanecem no SLO ou, mais preferencialmente, migram para a medula óssea.[18]

Ativação independente das células T

Os antigénios que activam as células B sem a ajuda das células T são conhecidos como antigénios independentes das células T (TI)[1] e incluem polissacáridos estranhos e ADN CpG não metilado.[12] São assim designados porque são capazes de induzir uma resposta humoral em organismos que não possuem células T.[1] A resposta das células B a estes antigénios é rápida, embora os anticorpos gerados tendam a ter menor afinidade e sejam funcionalmente menos versáteis do que os gerados a partir da ativação dependente das células T. [1]

Tal como acontece com os antigénios TD, as células B activadas por antigénios TI necessitam de sinais adicionais para completar a ativação, mas em vez de os receberem das células T, estes são fornecidos quer pelo reconhecimento e ligação de um constituinte microbiano comum aos receptores do tipo toll (TLR), quer por uma ligação cruzada extensa dos BCR a epítopos repetidos numa célula bacteriana.[1] As células B activadas por antigénios TI proliferam fora dos folículos linfóides, mas ainda nos SLO (não se formam GC), possivelmente sofrem uma mudança de classe de imunoglobulina e diferenciam-se em plasmablastos de vida curta que produzem anticorpos precoces e fracos, principalmente da classe IgM, mas também algumas populações de plasmócitos de vida longa.

Ativação de células B de memória

A ativação das células B de memória começa com a deteção e ligação do seu antigénio alvo, que é partilhado pela sua célula B progenitora.[20] Algumas células B de memória podem ser activadas sem a ajuda das células T, como certas células B de memória específicas de vírus, mas outras precisam da ajuda das células T.[21] Após a ligação do antigénio, a célula B de memória absorve o antigénio através de endocitose mediada pelo recetor, degrada-o e apresenta-o às células T como pedaços de péptidos em complexo com moléculas MHC-II na membrana celular. [As células T auxiliares de memória (TH), normalmente células T auxiliares foliculares de memória (T_{FH}), que derivam de células T activadas com o mesmo antigénio, reconhecem e ligam-se a estes complexos de péptidos MHC-II através do seu TCR.[Após a ligação TCR-MHC-II-peptídeo e a retransmissão de outros sinais da célula T_{FH} de memória, a célula B de memória é activada e diferencia-se em plasmablastos e células plasmáticas através de uma resposta extrafolicular ou entra numa reação de centro germinal onde gera células plasmáticas e mais células B de memória.

Tipos de células B

- Plasmablasto - Célula de curta duração, em proliferação e que segrega anticorpos, resultante da diferenciação de células B.] Os plasmoblastos são gerados no início de uma infeção e os seus anticorpos tendem a ter uma afinidade mais fraca em relação ao antigénio-alvo do que os plasmócitos.[12] Os plasmoblastos podem resultar da ativação das células B independente das células T ou da resposta extrafolicular da ativação das células B dependente das células T.[1]

- Célula plasmática - Uma célula de longa duração, não proliferativa, que segrega anticorpos e que surge da diferenciação das células B.[1] Existem provas de que as células B se diferenciam primeiro numa célula semelhante ao plasmablasto e, em seguida, numa célula plasmática.[12] As células plasmáticas são geradas mais tarde numa infeção e, em comparação com os plasmablastos, têm anticorpos com uma afinidade mais elevada para o seu antigénio alvo devido à maturação da afinidade no centro germinal (CG) e produzem mais anticorpos. [As células plasmáticas resultam normalmente da reação do centro germinal da ativação das células B dependente das células T, mas também podem resultar da ativação das células B independente das células T.[19]

- Célula B de memória - Célula B adormecida resultante da diferenciação das células B.^] A sua função é circular pelo corpo e iniciar uma resposta de anticorpos mais forte e mais rápida (conhecida como resposta de anticorpos secundários) se detectarem o antigénio que activou a sua célula B progenitora (as células B de memória e as suas células B progenitoras partilham o mesmo BCR, pelo que detectam o mesmo antigénio).[21] As células B de memória podem ser geradas a partir da ativação dependente de células T através da resposta extrafolicular e da reação do centro germinal, bem como a partir da ativação independente de células T das células B1.[21]

- Célula B folicular (FO) (também conhecida como célula B-2) - Tipo mais comum de célula B e, quando não circula pelo sangue, encontra-se principalmente nos folículos linfóides dos órgãos linfóides secundários (SLOs).[12] São responsáveis pela geração da maioria dos anticorpos de alta afinidade durante uma infeção.[1]

- Células B da zona marginal (MZ) - Encontram-se principalmente na zona marginal do baço e servem como primeira linha de defesa contra os agentes patogénicos transmitidos pelo sangue, uma vez que a zona marginal recebe grandes quantidades de sangue da circulação geral.[22] Podem sofrer ativação independente e dependente das células T, mas sofrem preferencialmente ativação independente das células T.[12]

- Célula B-1 - Surge a partir de uma via de desenvolvimento diferente das células B FO e das células B MZ.[23] Nos ratos, povoam predominantemente a cavidade peritoneal e a cavidade pleural, geram anticorpos naturais (anticorpos produzidos sem infeção), defendem contra agentes patogénicos das mucosas e apresentam principalmente uma ativação independente das células T.[23] Não foi descoberto um verdadeiro homólogo das células B-1 do rato nos seres humanos, embora tenham sido descritas várias populações de células semelhantes às células B-1.[23]

- células B-2 - células B FO e células B MZ[23].

- Célula B reguladora (Breg) - Um tipo de célula B imunossupressora que impede a expansão de linfócitos patogénicos e pró-inflamatórios através da secreção de IL-10, IL-35 e TGF-β.[24] Além disso, promove a geração de células T reguladoras (Treg) ao interagir diretamente com as células T para influenciar a sua diferenciação para Tregs.[24] Não foi descrita uma identidade comum de células Breg e foram encontrados muitos subconjuntos de células Breg que partilham funções reguladoras, tanto em ratos como em seres humanos.[24] Atualmente, desconhece-se se os subconjuntos de células Breg estão ligados ao desenvolvimento e como ocorre exatamente a diferenciação em células Breg.[24] Existem provas que demonstram que quase todos os tipos de células B podem diferenciar-se em células Breg através de mecanismos que envolvem sinais inflamatórios e reconhecimento de BCR.[24]

Capítulo 4

Citocinas

As citocinas (*cyto,* do grego "κυτταρο" *kyttaro* "célula" + *kines,* do grego "κ(νηση" *kinisi* "movimento") são uma categoria ampla e flexível de pequenas proteínas (~5-20 kDa) que são importantes na sinalização celular. A sua libertação tem um efeito sobre o comportamento das células que as rodeiam. Pode dizer-se que as citocinas estão envolvidas na sinalização autócrina, na sinalização parácrina e na sinalização endócrina como agentes imunomoduladores. A sua distinção definitiva das hormonas faz ainda parte da investigação em curso. As citocinas incluem as quimiocinas, os interferões, as interleucinas, as linfocinas e os factores de necrose tumoral, mas geralmente não são hormonas ou factores de crescimento (apesar de alguma sobreposição na terminologia). As citocinas são produzidas por uma vasta gama de células, incluindo células imunitárias como macrófagos, linfócitos B, linfócitos T e mastócitos, bem como células endoteliais, fibroblastos e várias células estromais; uma determinada citocina pode ser produzida por mais do que um tipo de célula.

Actuam através de receptores e são especialmente importantes no sistema imunitário; as citocinas modulam o equilíbrio entre as respostas imunitárias humoral e celular e regulam a maturação, o crescimento e a capacidade de resposta de determinadas populações de células. Algumas citocinas aumentam ou inibem a ação de outras citocinas de formas complexas[3].

São diferentes das hormonas, que também são importantes moléculas de sinalização celular, na medida em que as hormonas circulam em concentrações menos variáveis e as hormonas tendem a ser produzidas por tipos específicos de células.

São importantes na saúde e na doença, especificamente nas respostas do hospedeiro a infecções, respostas imunitárias, inflamação, trauma, sépsis, cancro e reprodução.

Descoberta das citocinas

O interferão-alfa, um interferão do tipo I, foi identificado em 1957 como uma proteína que interferia com a replicação viral[4]. [4] A atividade do interferão-gama (o único membro da classe do interferão do tipo II) foi descrita em 1965; este foi o primeiro mediador derivado dos linfócitos identificado[4]. O fator inibidor da migração dos macrófagos (MIF) foi identificado simultaneamente em 1966 por John David e Barry Bloom[4].

Em 1969, Dudley Dumonde propôs o termo "linfocina" para descrever as proteínas segregadas pelos linfócitos e, mais tarde, as proteínas derivadas de macrófagos e monócitos em cultura foram designadas "monocinas". À medida que os cientistas foram aprendendo mais, compreendeu-se que estas e outras proteínas faziam parte de uma classe mais vasta de proteínas envolvidas na auto-defesa, devendo ser designadas por "citocınas"[4].

Diferença em relação às hormonas

As hormonas clássicas circulam em concentrações nanomolares (10^{-9} M) que normalmente variam menos de uma ordem de grandeza. Em contrapartida, algumas citocinas (como a IL-6) circulam em concentrações picomolares (10^{-12} M) que podem aumentar até 1000 vezes durante um traumatismo ou uma infeção. A ampla distribuição das fontes celulares de citocinas pode ser uma caraterística que as diferencia das hormonas. Praticamente todas as células nucleadas, mas especialmente as células endo/epiteliais e os macrófagos residentes (muitos perto da interface com o ambiente externo), são potentes produtores de IL-1, IL-6 e TNF-α.[5] Em contraste, as hormonas clássicas, como a insulina, são segregadas por glândulas discretas (por exemplo, o pâncreas).[6] A partir de 2008, a terminologia atual refere-se às citocinas como agentes imunomoduladores. No entanto, é necessária mais investigação nesta área da definição de citocinas e hormonas.

Parte da dificuldade em distinguir as citocinas das hormonas reside no facto de alguns dos efeitos imunomoduladores das citocinas serem sistémicos e não locais.

Por exemplo, para utilizar a terminologia hormonal, a ação das citocinas pode ser autócrina ou parácrina na quimiotaxia ou quimiocinese e endócrina como pirogénio. Além disso, enquanto moléculas, as citocinas não se limitam ao seu papel imunomodulador.

Descoberta das citocinas

O interferão-alfa, um interferão do tipo I, foi identificado em 1957 como uma proteína que interferia com a replicação viral[4]. [4] A atividade do interferão-gama (o único membro da classe do interferão do tipo II) foi descrita em 1965; este foi o primeiro mediador derivado dos linfócitos identificado[4]. O fator inibidor da migração dos macrófagos (MIF) foi identificado simultaneamente em 1966 por John David e Barry Bloom[4].

Em 1969, Dudley Dumonde propôs o termo "linfocina" para descrever as proteínas segregadas pelos linfócitos e, mais tarde, as proteínas derivadas de macrófagos e monócitos em cultura foram designadas "monocinas". À medida que os cientistas foram aprendendo mais, compreendeu-se que estas e outras proteínas faziam parte de uma classe mais alargada de proteínas envolvidas na auto-defesa, devendo ser designadas por "citocinas".

Diferença em relação às hormonas

As hormonas clássicas circulam em concentrações nanomolares (10^{-9} M) que normalmente variam menos de uma ordem de grandeza. Em contrapartida, algumas citocinas (como a IL-6) circulam em concentrações picomolares (10^{-12} M) que podem aumentar até 1000 vezes durante um traumatismo ou uma infeção. A ampla distribuição das fontes celulares de citocinas pode ser uma caraterística que as diferencia das hormonas. Praticamente todas as células nucleadas, mas especialmente as células endo/epiteliais e os macrófagos residentes (muitos perto da interface com o ambiente externo) são produtores potentes de IL-1, IL-6 e TNF-α.[5] Em contraste, as hormonas clássicas, como a insulina, são segregadas a partir de glândulas discretas (por exemplo, o pâncreas).[6] A partir de 2008, a terminologia atual refere-se às citocinas como agentes imunomoduladores. No entanto, é necessária mais investigação nesta área de definição de citocinas e hormonas.

Parte da dificuldade em distinguir as citocinas das hormonas reside no facto de alguns dos efeitos imunomoduladores das citocinas serem sistémicos e não locais.

Por exemplo, para utilizar a terminologia hormonal, a ação das citocinas pode ser autócrina ou parácrina na quimiotaxia ou quimiocinese e endócrina como pirogénio. Além disso, enquanto moléculas, as citocinas não se limitam ao seu papel imunomodulador.

Capítulo 5

Imunidade celular e humoral

O sistema imunitário distingue dois grupos de substâncias estranhas. Um grupo é constituído por antigénios que circulam livremente no corpo. Estes incluem moléculas, vírus e células estranhas. Um segundo grupo é constituído por células próprias que apresentam proteínas MHC aberrantes. As proteínas MHC aberrantes podem ter origem em antigénios que foram engolidos e decompostos (antigénios exógenos) ou em células tumorais e infectadas por vírus que sintetizam ativamente proteínas estranhas (antigénios endógenos). Dependendo do tipo de invasão estrangeira, ocorrem duas respostas imunitárias diferentes:

- A resposta humoral (ou resposta mediada por anticorpos) envolve células B que reconhecem antigénios ou agentes patogénicos que estão a circular na linfa ou no sangue ("humor" é um termo medieval para o fluido corporal). A resposta segue esta cadeia de eventos:

1. Os antigénios ligam-se às células B.
2. As interleucinas ou as células T auxiliares coestimulam as células B. Na maioria dos casos, é necessário um antigénio e um coestimulador para ativar uma célula B e iniciar a proliferação de células B.
3. As células B proliferam e produzem plasmócitos. Os plasmócitos contêm anticorpos com a mesma especificidade antigénica que os receptores antigénicos das células B activadas. Os anticorpos são libertados e circulam pelo corpo, ligando-se aos antigénios.
4. As células B produzem células de memória. As células de memória fornecem imunidade futura.

- A resposta mediada por células envolve principalmente células T e responde a qualquer célula que apresente marcadores MHC aberrantes, incluindo células invadidas por agentes patogénicos, células tumorais ou células transplantadas. A seguinte cadeia de eventos descreve esta resposta imunitária:

1. As células próprias ou APCs que apresentam antigénios estranhos ligam-se às células T.
2. As interleucinas (segregadas pelas APC ou pelas células T auxiliares) estimulam a ativação das células T .
3. Se o MHC-I e os antigénios endógenos estiverem presentes na membrana plasmática, as células T proliferam, produzindo células T citotóxicas. As células T citotóxicas destroem as células que apresentam os antigénios.
4. Se o MHC-II e os antigénios exógenos estiverem presentes na membrana plasmática, as células T proliferam, produzindo células T auxiliares. As células T auxiliares libertam interleucinas (e outras citocinas), que estimulam as células B a produzir anticorpos que se ligam aos antigénios e estimulam os agentes não específicos (NK e macrófagos) a destruir os antigénios.

Resposta imunitária celular:

- Quando um agente patogénico entra numa célula, já não pode ser detectado pela resposta imunitária humoral; em vez disso, a resposta imunitária mediada por células deve assumir o controlo para matar a célula infetada antes de permitir que o vírus ou a bactéria se replique e se propague.

- As células T reconhecem as células infectadas através da interação com o antigénio presente nas suas moléculas MHC II; antes que uma célula T o possa fazer, tem de ser activada através da interação com uma célula apresentadora de antigénio, ou APC.

- Quando uma célula T citotóxica (CT) é activada, clonar-se-á, produzindo muitas células CT com os receptores corretos; uma parte das células está ativa e ajudará a destruir as células infectadas, enquanto outras são células de memória inactivas que criarão mais células CT activas se a infeção voltar.

- As células T auxiliares (células TH) também ajudam na imunidade mediada por células, libertando moléculas de sinalização conhecidas como citocinas que podem recrutar células assassinas naturais e fagócitos para destruir células infectadas e ativar ainda mais as células TC; não destroem diretamente os agentes patogénicos.

Células T

Tal como a resposta imunitária humoral tem células B que medeiam a sua resposta, a resposta imunitária celular tem células T, que reconhecem as células infectadas e as destroem antes que o agente patogénico no seu interior possa replicar-se e espalhar-se para infetar outras células. Ao contrário das células B, os linfócitos T (células T) são incapazes de reconhecer os agentes patogénicos sem ajuda. Em primeiro lugar, uma célula apresentadora de antigénios (APC, como uma célula dendrítica ou um macrófago) detecta, engolfa (através de fagocitose, no caso dos macrófagos, ou pela entrada do agente patogénico por sua própria iniciativa, no caso das células dendríticas) e digere os agentes patogénicos em centenas ou milhares de fragmentos de antigénios.

Estes fragmentos são depois transportados para a superfície da APC, onde são apresentados nos Complexos Principais de Histocompatibilidade de classe II (MHC II, ver). As células T tornam-se activadas em relação a um determinado antigénio quando o encontram exposto num MHC II. Depois de um vírus ou bactéria entrar numa célula, já não pode ser detectado pela resposta imunitária humoral. Em vez disso, a resposta imunitária celular tem de assumir o controlo. Para tal, uma célula T é activada ao interagir com um antigénio da célula ou do vírus infetante apresentado no MHC II de uma APC.

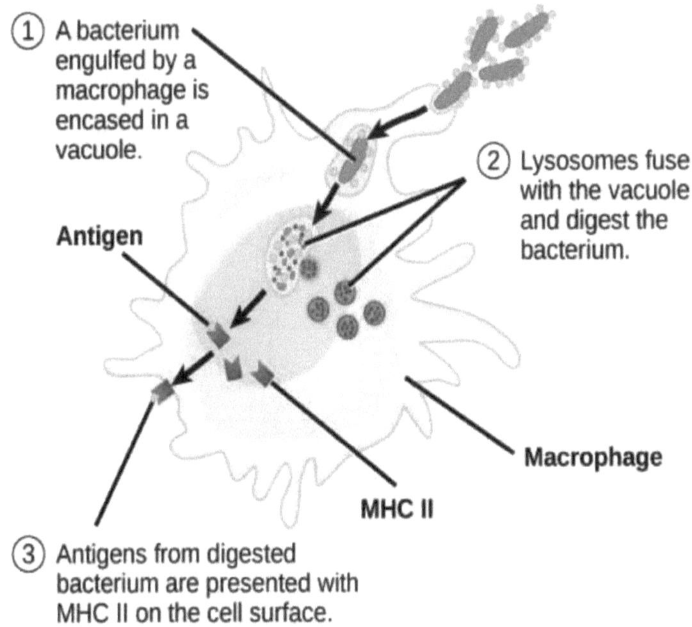

Fig. 5.1: APCs, MHCs e linfócitos

Uma célula apresentadora de antigénios (APC), como um macrófago, engolfa um antigénio estranho, digere-o parcialmente num lisossoma e, em seguida, incorpora-o numa molécula MHC de classe II para apresentação à superfície da célula (fig. 5.1). Os linfócitos da resposta imunitária adaptativa têm de interagir com moléculas MHC de classe II incorporadas em antigénios para se transformarem em células imunitárias funcionais.

As células T citotóxicas medeiam um dos ramos da resposta imunitária celular: Existem dois tipos principais de células T: os linfócitos T auxiliares (TH) e os linfócitos T citotóxicos (T_C). Os linfócitos TH funcionam indiretamente para informar outras células imunitárias sobre potenciais agentes patogénicos, enquanto as células T citotóxicas (T_C) são o componente-chave da parte mediada por células do sistema imunitário adaptativo que ataca e destrói as células infectadas. As células TC são particularmente importantes na proteção contra infecções virais porque os vírus se replicam no interior das células, onde estão protegidos do contacto extracelular com os anticorpos circulantes. Uma vez activada, a CT cria um grande clone de células com um conjunto específico de receptores de superfície celular, semelhante à proliferação de células B activadas. Tal como acontece com as células B, o clone inclui células CT activas e células CT de memória inactivas. As células CT activas resultantes identificam então as células hospedeiras infectadas.

células TC tentar identificar e destruir células infectadas através de desencadeando a apoptose (morte celular programada) antes que o agente patogénico se possa replicar e escapar, interrompendo assim a progressão de infecções intracelulares. Para reconhecer as células a perseguir, o TC reconhece os antigénios apresentados nos complexos MHC I, que estão presentes em todas as células nucleadas. Os complexos MHC I apresentam uma leitura atual das proteínas intracelulares no interior de uma célula e apresentarão antigénios de agentes patogénicos se estes estiverem presentes na célula. As células TC também apoiam os linfócitos NK para destruir os cancros iniciais.

As citocinas libertadas pelas células TH recrutam células NK e fagócitos

As citocinas são moléculas de sinalização segregadas por uma célula T_H em resposta a uma célula infetada por um agente patogénico; estimulam as células assassinas naturais e os fagócitos, como os macrófagos. Os fagócitos englobam então as células infectadas e destroem-nas. As citocinas também estão envolvidas na estimulação das células TC, aumentando a sua capacidade de identificar e destruir células infectadas e tumores. Um resumo da forma como as respostas imunitárias humoral e mediada por células são activadas é apresentado em. Os plasmócitos B e as células CT são coletivamente designados por células efectoras porque estão envolvidos na "efetivação" (concretização) da resposta imunitária de matar os agentes patogénicos e as células hospedeiras infectadas.

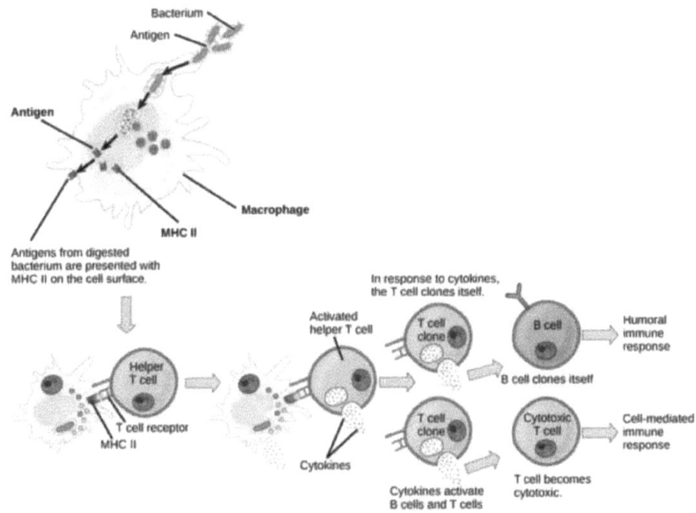

Fig. 5.2: Células T auxiliares na resposta imunitária

Uma célula T auxiliar é activada ao ligar-se a um antigénio apresentado por uma APC através do recetor MHCII, o que a leva a libertar citocinas. Dependendo das citocinas libertadas, é activada a resposta imunitária humoral ou a resposta imunitária mediada por células (fig. 5.2).

Imunidade humoral

Também chamada **imunidade mediada por anticorpos**, é o aspeto da imunidade que é mediado por macromoléculas (em oposição às células) encontradas em fluidos extracelulares, como anticorpos segregados, proteínas do complemento e certos péptidos antimicrobianos. A imunidade humoral é assim chamada porque envolve substâncias encontradas nos humores, ou fluidos corporais.

O estudo dos componentes moleculares e celulares que formam o sistema imunitário, incluindo a sua função e interação, é a ciência central da imunologia. O sistema imunitário divide-se num sistema imunitário inato mais primitivo e num sistema imunitário adquirido ou adaptativo dos vertebrados, cada um dos quais contém componentes humorais e celulares.

A imunidade humoral refere-se à produção de anticorpos e aos processos acessórios que a acompanham, incluindo:

Ativação Th2 e produção de citocinas, formação do centro germinal e mudança de isótipo, maturação de afinidade e geração de células de memória.

Refere-se também às funções efectoras dos anticorpos, que incluem a neutralização de agentes patogénicos e toxinas, a ativação clássica do complemento e a promoção da fagocitose e da eliminação de agentes patogénicos através da opsonina[1].

O conceito de imunidade humoral desenvolveu-se com base na análise da atividade antibacteriana dos componentes do soro. A Hans Buchner é atribuído o desenvolvimento da teoria humoral[2]. Em 1890, descreveu as alexinas, ou "substâncias protectoras", que existem no soro sanguíneo e noutros fluidos corporais e que são capazes de matar microrganismos. As alexinas, mais tarde redefinidas como "complemento" por Paul Ehrlich, demonstraram ser os componentes solúveis da resposta inata que conduzem a uma combinação de imunidade celular e humoral, e que faziam a ponte entre as caraterísticas da imunidade inata e adquirida. [2]

Após a descoberta, em 1888, das bactérias que causam a difteria e o tétano, Emil von Behring e Kitasato Shibasaburo demonstraram que as doenças não precisam de ser causadas pelos próprios microrganismos (quadro 5.1). Descobriram que os filtrados sem células eram suficientes para causar doenças. Em 1890, os filtrados da difteria, mais tarde designados toxinas da difteria, foram utilizados para vacinar animais, numa tentativa de demonstrar que o soro imunizado continha anantitoxina capaz de neutralizar a atividade da toxina e de transferir a imunidade para animais não imunes.

Em 1897, Paul Ehrlich demonstrou que se formam anticorpos contra as toxinas vegetais ricina e abrina, e propôs que esses anticorpos são responsáveis pela imunidade. [2] Ehrlich, juntamente com o seu amigo Emil von Behring, desenvolveu a antitoxina da difteria, que se tornou o primeiro grande êxito da imunoterapia moderna.[3] A presença e a especificidade dos anticorpos de compatibilidade tornaram-se o principal instrumento para normalizar o estado de imunidade e identificar a presença de infecções anteriores.[3]

Quadro 5.1: Principais descobertas no estudo da imunidade humoral[3]

Substance	Activity	Discovery
Alexin(s) Complement	Soluble components in the serum that are capable of killing microorganisms	Buchner (1890), Ehrlich (1892)[2]
Antitoxins	Substances in the serum that can neutralize the activity of toxins, enabling passive immunization	von Behring and Kitasato (1890)[4]
Bacteriolysins	Serum substances that work with the complement proteins to induce bacterial lysis	Richard Pfeiffer (1895)[5]
Bacterial agglutinins and precipitins	Serum substances that agglutinate bacteria and precipitate bacterial toxins	von Gruber and Durham (1896),[6] Kraus (1897)[7]
Hemolysins	Serum substances that work with complement to lyse red blood cells	Belfanti and Carbone (1898)[8] Jules Bordet (1899)[9]
Opsonins	Serum substances that coat the outer membrane of foreign substances and enhance the rate of phagocytosis by macrophages	Wright and Douglas (1903)[10]
Antibody	Formation (1900), antigen-antibody binding hypothesis (1938), produced by B cells (1948), structure (1972), immunoglobulin genes (1976)	Founder: P Ehrlich[2]

Sistema de complemento

O sistema do complemento é uma cascata bioquímica do sistema imunitário inato que ajuda a eliminar os agentes patogénicos de um organismo. É derivado de muitas pequenas proteínas do plasma sanguíneo que trabalham em conjunto para romper a membrana plasmática da célula alvo, levando à citólise da célula. O sistema do complemento é constituído por mais de 35 proteínas solúveis e ligadas às células, 12 das quais estão diretamente envolvidas nas vias do complemento. [O sistema do complemento está envolvido nas actividades da imunidade inata e da imunidade adquirida.

A ativação deste sistema conduz à citólise, quimiotaxia, opsonização, depuração imunitária e inflamação, bem como à marcação de agentes patogénicos para fagocitose. As proteínas representam 5% da fração de globulina do soro. A maioria destas proteínas circula como zimogéneos, que estão inactivos até à clivagem proteolítica.

O sistema do complemento é ativado por três vias bioquímicas: a via clássica do complemento, a via alternativa do complemento e a via da lectina de ligação à manose. A via clássica do complemento necessita normalmente de anticorpos para ser activada e constitui uma resposta imunitária específica, enquanto a via alternativa pode ser activada sem a presença de anticorpos e é considerada uma resposta imunitária não específica[1]Os anticorpos, em especial os da classe IgG1, também podem "fixar" o complemento.

B cells

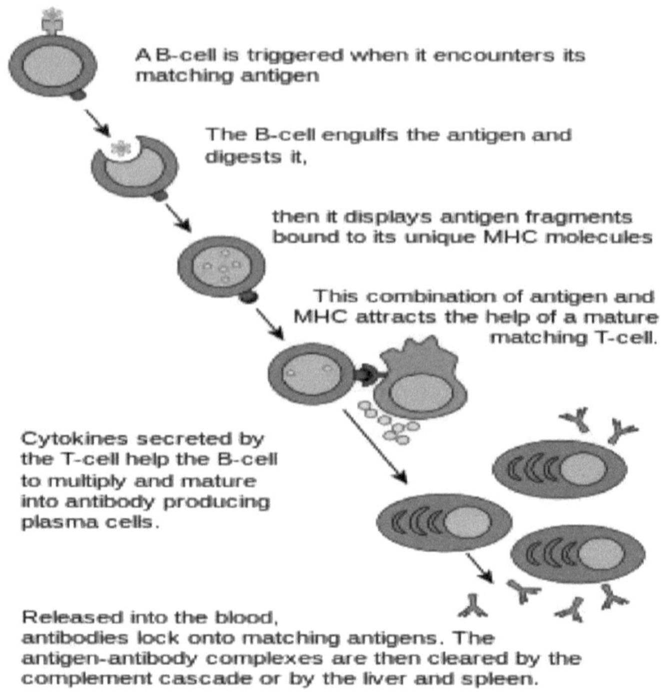

Fig. 5.3 : A ativação das células B é uma parte importante da resposta imunitária humoral.

A principal função das células B é produzir anticorpos contra antigénios solúveis (fig. 5.3). O reconhecimento do antigénio pelas células B não é o único elemento necessário para a ativação das células B (uma combinação de proliferação clonal e diferenciação terminal em plasmócitos).

As células B naïve podem ser activadas de forma dependente ou independente das células T, mas são sempre necessários dois sinais para iniciar a ativação.

A ativação das células B depende de um de três mecanismos: Ativação *independente das células T do tipo 1* (policlonal), ativação *independente das células T do tipo 2* (em que as células B maduras respondem a estruturas altamente repetitivas que provocam a ligação cruzada dos receptores das células B na superfície das células B) e ativação dependente das células T. Durante a ativação dependente de células T, uma célula apresentadora de antigénio (APC) apresenta um antigénio processado a uma célula T auxiliar (T_h), preparando-a. Quando uma célula B processa e apresenta o *mesmo* antigénio à *célula T_h preparada*, a célula T liberta citocinas que activam a célula B.[1]

Anticorpos

As imunoglobulinas são glicoproteínas da superfamília das imunoglobulinas que funcionam como anticorpos. Os termos *anticorpo* e *imunoglobulina* são muitas vezes utilizados indistintamente. Encontram-se no sangue e nos fluidos dos tecidos, bem como em muitas secreções. Na sua estrutura, são grandes proteínas globulares em forma de Y. Nos mamíferos existem cinco tipos de anticorpos: IgA, IgD, IgE, IgG e IgM. Cada classe de imunoglobulina difere nas suas propriedades biológicas e evoluiu para lidar com diferentes antigénios.[11] Os anticorpos são sintetizados e segregados por células plasmáticas que derivam das células B do sistema imunitário.

Um anticorpo é utilizado pelo sistema imunitário adquirido para identificar e neutralizar objectos estranhos, como bactérias e vírus. Cada anticorpo reconhece um antigénio específico exclusivo do seu alvo. Ao ligarem-se aos seus antigénios específicos, os anticorpos podem provocar a aglutinação e a precipitação de produtos anticorpo-antigénio, preparar a fagocitose por macrófagos e outras células, bloquear receptores virais e estimular outras respostas imunitárias, como a via do complemento.

Uma transfusão de sangue incompatível provoca uma reação transfusional, que é mediada pela resposta imunitária humoral. Este tipo de reação, denominada reação hemolítica aguda, resulta na rápida destruição (hemólise) dos glóbulos vermelhos do dador pelos anticorpos do hospedeiro. A causa é geralmente um erro administrativo, como a administração de uma unidade de sangue errada ao doente errado. Os sintomas são febre e arrepios, por vezes com dores nas costas e urina cor-de-rosa ou vermelha (hemoglobinúria). A principal complicação é que a hemoglobina libertada pela destruição dos glóbulos vermelhos pode causar insuficiência renal aguda.

Referências

Capítulo 1 e

1. Kambayashi, Taku; Laufer, Terri M. "Atypical MHC class II- expressing antigen-presenting cells: can anything replace a dendritic cell?". Nature Reviews Immunology. **14** (11): 719730. doi:10.1038/nri3754.

2. den Haan, Joke M.M.; Arens, Ramon; Zelm, Menno C. van. "A ativação do sistema imunitário adaptativo: Cross-talk between antigen-presenting cells, T cells and B cells".Immunology Letters. **162** (2): 103-112. doi:10.1016/j.imlet.2014.10.011.

3. Hivroz, Claire; Chemin, Karine; Tourret, Marie; Bohineust, Armelle. "Crosstalk entre linfócitos T e células dendríticas". Critical Reviews™ in Immunology. **32** (2): 139-155.doi :10.1615/critrevimmunol.v32.i2.30.

4. Barral, Duarte C.; Brenner, Michael B. "CD1 antigen presentation: how it works". Nature Reviews Immunology. **7** (12): 929941. doi:10.1038/nri2191.

5. Mann, Elizabeth R. "Intestinal antigen-presenting cells in mucosal immune homeostasis: Crosstalk entre células dendríticas, macrófagos e células B". Jornal Mundial de Gastroenterologia.**20** (29). doi:10.3748/wjg.v20.i29.9653. PMC 41 23356". PMID 25110405.

6. Mbongue, Jacques; Nicholas, Dequina; Firek, Anthony; Langridge, William (2014-04-30). "O papel das células dendríticas na autoimunidade específica do tecido". Jornal de Pesquisa em Imunologia.**2014**: 1-17. doi: 10.1155/2014 / 857143. PMC 4022068Γ . PMID 24877157.

7. Mittal, Sharad K; Roche, Paul A. "Suppression of antigen presentation by IL-10". Opinião atual em imunologia. **34**: 2227. doi: 10.1016 / j.coi.2014.12.009. PMC 4444374" .PMID 25597442.

8. Brzostek, Joanna; Gascoigne, Nicholas R. J.; Rybakin, Vasily (2016-01-01). "Regulação específica do tipo de célula da dinâmica da sinapse imunológica pelo reconhecimento do ligante B7". Biologia de células T: 24. doi: 10.3389 /fimmu.2016.00024. PMC 4740375∏ . PMID 26870040.

9. Soudja, Saıdi M'Homa; Chandrabos, Ceena; Yakob, Ernest; Veenstra, Mike; Palliser, Deborah; Lauvau, Gregoire (2014-0619). "O interferon-γ derivado de células T de memória instrui a ativação de células inatas potentes para imunidade protetora". Imunidade. **40** (6): 974988.

doi:10.1016/j.immuni.2014.05.005. ISSN 10747613. PMC 4105986 " PMID 24931122.

10.Harding, Clifford V.; Boom, W. Henry. "Regulação da apresentação de antigénios por Mycobacterium tuberculosis: um papel para os receptores do tipo Toll". Nature Reviews Microbiology. **8** (4): 296-307.doi:10.1038/nrmicro2321. PMC 3037727" PMID 20234378.

11.Dalod, M.; Chelbi, R.; Malissen, B.; Lawrence, T. (2014-0516). "Maturação de células dendríticas: especialização funcional através da especificidade de sinalização e programação transcricional". O Jornal EMBO. **33** (10): 1104-1116.
doi:10.1002/embj.201488027. PMC 4193918~ PMID 24737868.

12.Crispe, Ian N. (2014-01-01). "Licenciamento de APC e ajuda de células CD4 + T na malária em estágio hepático". Imunologia Microbiana. **5**: 617. doi: 10.3389 / fmicb.2014.00617. PMC 4227505.PMID 254261 13.

13.Sadegh-Nasseri, Scheherazade; Chou, Chih-Ling; Hartman, Isamu Z.; Kim, AeRyon; Narayan, Kedar (2012-01-01). "Como funciona o HLA-DM: reconhecimento da conformação do MHC II heterogeneidade". Frontiers in Bioscience (Scholar Edition). **4**: 13251332. ISSN 1945-0524. PMID 22652874.

14.Butler, Marcus O.; Hirano, Naoto (2014-01-01). "Células apresentadoras de antígenos artificiais baseadas em células humanas para imunoterapia contra o câncer". Revisões Imunológicas. **257** (1): 191-209.doi:10.1111/imr.12129. ISSN 1600065X. PMC 3869003. PMID 24329798.

15.Eggermont, Loek J.; Paulis, Leonie E.; Tel, Jurjen; Figdor, Carl G. (2014-09-01). "Rumo a uma imunoterapia eficiente contra o cancro: avanços no desenvolvimento de células apresentadoras de antigénio artificiais". **32** (9): 456-465.
doi:10.1016/j.tibtech.2014.06.007. ISSN 0167 7799. PMC 4154451. PMID 24998519

Capítulo 2 o

1. Alberts B, Johnson A, Lewis J, Raff M, Roberts k, Walter P (2002) Molecular Biology of the Cell. Garland Science: Nova Iorque, NY pg 1367. "As células T e as células B derivam os seus nomes dos órgãos em que se desenvolvem. As

células T desenvolvem-se no timo, e as células B, nos mamíferos, desenvolvem-se na medula óssea nos adultos ou no fígado nos fetos."

2. McClory, Susan; Hughes, Tiffany; Freud, Aharon G.; Briercheck, Edward L.; Martin, Chelsea; Trimboli, Anthony J.; Yu, Jianhua; Zhang, Xiaoli; Leone, Gustavo (abril de 2012). "Evidência de um programa gradual de desenvolvimento de células T extratímicas na amígdala humana". O Jornal de Investigação Clínica. **122** (4): 1403-1415.doi:10.1172/JCI46125. ISSN 15588238. PMC 3314444'7. PMID 22378041.

3. Vantourout, Pierre; Hayday, Adrian (fevereiro de 2013). "Seis dos melhores: contribuições únicas das células T γδ para a imunologia". Revisões da natureza. Imunologia. **13** (2): 88-100.doi:10.1038/nri3384. ISSN 1474-1741. PMC 395179477 . PMID 23348415.

4. Gutcher I, Becher B (2007). "Citocinas derivadas de APC e polarização de células T na inflamação autoimune". J. Clin. Invest. **117** (5): 1119-27. doi:10.1172/JCI31720.PMC 185727277 . PMID 17476341.

5. Akbar AN, Terry L, Timms A, Beverley PC, Janossy G (abril de 1988). "A perda de CD45R e o ganho de reatividade UCHL1 é uma caraterística das células T preparadas". J. Immunol. **140** (7): 2171-8.PMID 2965180.

6. Willinger T, Freeman T, Hasegawa H, McMichael AJ, Callan MF (2005). "As assinaturas moleculares distinguem a memória central humana dos subconjuntos de células T CD8 de memória efectora. "Journal of Immunology. **175** (9): 5895-903.
doi:10.4049/jimmunol.175.9.5895.PMID 16237082.

7. Shin, Haina; Iwasaki, Akiko (2013-09-01). "Células T de memória residentes em tecidos" .Immunological Reviews. **255** (1): 165 181. doi:10.1111/imr.12087. ISSN 1600-065X.PMC 3748618" . PMID 23947354.

8. Textbook of Medical Physiology de Guyton e Hall, edição 6, pág. 448, parágrafo Suppressor T cells.

9. Abbas AK, Benoist C, Bluestone JA, Campbell DJ, Ghosh S, Hori S, Jiang S, Kuchroo VK, Mathis D, Roncarolo MG, Rudensky A, Sakaguchi S, Shevach EM, Vignali DA, Ziegler SF (2013). "Células T reguladoras: recomendações para simplificar a nomenclatura". Nat. Immunol. **14** (4): 307-8.

doi:10.1038/ni.2554. PMID 23507634.

10.Singh B, Schwartz JA, Sandrock C, Bellemore SM, Nikoopour E (2013). "Modulação de doenças autoimunes por interleucina (IL) - 17 produzindo células T auxiliares reguladoras (Th17)" .Indian J. Med. Res. **138** (5): 591-4. PMC 3928692". PMID 24434314.

11.Serriari NE, Eoche M, Lamotte L, Lion J, Fumery M, Marcelo P, Chatelain D, Barre A, Nguyen-Khac E, Lantz O, Dupas JL, Treiner E (2014). "As células T invariantes associadas à mucosa inata (MAIT) são ativadas em doenças inflamatórias intestinais". Clin. Exp. Immunol. **176**: 266-74. doi: 10.1111 / cei.12277. PMC 3992039"
. PMID 24450998.

12.A apresentação do antigénio MR1 a células T invariantes associadas à mucosa foi altamente conservada na evolução. 2009

13. As células T inatas detectam bactérias. Bactérias, células T invariantes associadas à mucosa e MR1. 2010

14.Kjer-Nielsen L, Patel O, Corbett AJ, Le Nours J, Meehan B, Liu L, Bhati M, Chen Z, Kostenko L, Reantragoon R, Williamson NA, Purcell AW, Dudek NL, McConville MJ, O'Hair RA, Khairallah GN, Godfrey DI, Fairlie DP, Rossjohn J, McCluskey J (2012).

"MR1 apresenta metabolitos microbianos de vitamina B às células MAIT". Nature. **491**: 717-23.
doi:10.1038/nature11605. PMID 23051753.

15.Schwarz BA, Bhandoola A (fevereiro de 2006). "Trafficking from the bone marrow to the thymus: a prerequisite for thymopoiesis". Immunol. Rev. **209**: 47-57. doi:10.1111/j.0105- 2896.2006.00350.x. PMID 16448533.

16.Li QJ, Chau J, Ebert PJ, Sylvester G, Min H, Liu G, Braich R, Manoharan M, Soutschek J, Skare P, Klein LO, Davis MM, Chen CZ (2007). "O miR-181a é um modulador intrínseco da sensibilidade e seleção das células T". Cell. **129** (1): 147
61. doi:10.1016/j.cell.2007.03.008.PMID 17382377.

17 Haynes BF, Markert ML, Sempowski GD, Patel DD, Hale LP (2000). "O papel do timo na reconstituição imunológica no envelhecimento, transplante de medula óssea e infeção por HIV-1". Annu. Rev. Immunol. **18**: 529-60.
doi:10.1146/annurev.immunol.18.1.529 .PMID 10837068.

18 Janeway, Charles (2012). Immunobiology. Garland Science. pp. 301-305. 301-305.ISBN 9780815342434.

19 .Timothy K. Starr; Stephen C. Jameson; Hogquist e Kristin A. (2003-01-01). "Seleção positiva e negativa de células T". Revisão Anual de Imunologia. **21** (1): 139-176.doi:10.1146/annurev.immunol.21.120601.141107. PMID 1241 4722.

20 Zerrahn, Jens; Held, Werner; Raulet, David H. (1997-03-07). "A Reatividade MHC do Repertório de Células T Antes da Seleção Positiva e Negativa". Cell. **88** (5): 627-636.doi:10.1016/S0092- 8674(00)81905-4. ISSN 0092-8674. PMID 9054502.

21 . Hinterberger M, Aichinger M, Prazeres da Costa O, Voehringer D, Hoffmann R, Klein L (junho de 2010). "Papel autónomo das células epiteliais tímicas medulares na tolerância central das células T CD4 (+)". Nat. Immunol. **11** (6): 512-9.

22 . O folheto de recursos do NIAID "Understanding the Immune System (pdf)".

23 Williams, Matthew A.; Bevan, Michael J. (2007-01-01). "Diferenciação de CTLs efetores e de memória". Revisão Anual de Imunologia. **25** (1): 171-192.

24 Janssen, Edith M.; Lemmens, Edward E.; Wolfe, Tom; Christen, Urs; von Herrath, Matthias G.; Schoenberger, Stephen P. (200302-20). "As células T CD4 + são necessárias para a expansão secundária e memória nos linfócitos T CD8 +". Nature. **421** (6925): 852856. doi:10.1038/nature01441. ISSN 0028-0836.

25 Shedlock, Devon J.; Shen, Hao (2003-04-11). "Requisito para ajuda de células T CD4 na geração de memória funcional de células T CD8". Science. **300** (5617): 337-339.

26 Sun, Joseph C.; Williams, Matthew A.; Bevan, Michael J. (200409-01). "As células T CD4+ são necessárias para a manutenção, e não para a programação, das células T CD8+ de memória após a infeção aguda". Nature Immunology. **5** (9): 927-933.

27 Jennifer Rolland e Robyn O'Hehir, "Turning off the T-cells: Peptides for treatment of allergic Diseases", Today's life science publishing, 1999, página 32

28 Maverakis E, Kim K, Shimoda M, Gershwin M, Patel F, Wilken R, Raychaudhuri S, Ruhaak LR, Lebrilla CB (2015). "Glicanos no sistema imunológico e a teoria dos glicanos alterados da autoimunidade". J Autoimmun.

57 (6): 1-13.

29 Tatham P, Gomperts BD, Kramer IM (2003). Transdução de sinais. Amsterdam: Elsevier Academic Press. ISBN 0-12-289632-7.

30 Wu H, Arron JR (novembro de 2003). "TRAF6, uma ponte molecular entre a imunidade adaptativa, a imunidade inata e a osteoimunologia". BioEssays. **25** (11): 1096-105.

31 Milstein O, Hagin D, Lask A, Reich-Zeliger S, Shezen E, Ophir E, Eidelstein Y, Afik R, Antebi YE, Dustin ML, Reisner Y (janeiro de 2011). "Os CTLs respondem com ativação e secreção de grânulos quando servem como alvos para o reconhecimento de células T". Blood (Sangue). **117** (3): 104252. doi:10.1182/blood-2010-05-283770. PMC 303506677 . PMID 21045195.

32 Graham, William (2014-04-14). "SpaceX pronto para o lançamento do CRS-3 Dragon e novos marcos". NASAspaceflight.com. Recuperado em 2014-04-14.

33 Feinerman O, Germain RN, Altan-Bonnet G (2008). "Desafios quantitativos na compreensão da discriminação de ligandos por células T alfabéticas". Mol. Immunol. **45** (3): 619-31.

34 Dushek O, van der Merwe PA (2014). "Um modelo de religação induzida de discriminação de antígeno". Trends Immunol. **35** (4): 1538. doi:10.1016/j.it.2014.02.002.PMC 3989030":. PMID 24636916.

35.http://www.independent.co.uk/news/science/crispr-breakthrough- anunciado-na-tecnica-de-editar-dna-para-combater-doencas-mortais-10420050.html

36 .^ Jump up to:[a] [b] Schumann, Kathrin; Lin, Steven; Boyer, Eric; Simeonov, Dimitre R.; Subramaniam, Meena; Gate, Rachel E.; Haliburton, Genevieve E.; Ye, Chun J.; Bluestone, Jeffrey A. (2015-08-18). "Geração de células T humanas primárias knock-in usando ribonucleoproteínas Cas9". Actas da Academia Nacional de Ciências dos Estados Unidos da América. **112** (33): 10437-10442. doi:10.1073/pnas.1512503112. ISSN 10916490. PMC 4547290~ PMID 26216948.

37 Medscape > Doenças das células T. Autor: Robert A Schwartz, MD, MPH; Editor Chefe: Harumi Jyonouchi, MD. Atualizado: 16 de maio de 2011

38 Jones J, Bannister BA, Gillespie SH, eds. (2006). Infection: Microbiology and Management. Wiley-Blackwell. p. 435. ISBN 14051-2665-5.

39 . "Os linfomas" (PDF). A Sociedade de Leucemia e Linfoma. maio de 2006. p.

2. Recuperado em 2008-04-07.

40 John S Yi, Maureen A Cox e Allan J Zajac (abril de 2010). "Exaustão das células T: caraterísticas, causas e conversão". Immunology. **129** (4): 474-481.doi:10.1111/j.1365-2567.2010.03255.x. PMC 2842494 ":. PMID 20201977.

41 Hotchkiss RS, Monneret G, Payen D. (março de 2013). "Imunossupressão na sepse: uma nova compreensão do distúrbio e uma nova abordagem terapêutica". Lancet Infect Dis. **13** (3): 260-8. doi:10.1016/S1473-3099(13)70001-X.

42 Mahoney KM, Rennert PD, Freeman GJ (2015). "Combinação de imunoterapia contra o cancro e novos alvos imunomoduladores". Nat Rev Drug Discov. **14** (8): 561-84.

Capítulo três

1. Murphy, Kenneth (2012). Imunobiologia de Janeway 8ª edição. Nova Iorque, NY: Garland Science. ISBN 9780815342434.
2. Cooper, Max D. (2015-01-01). "A história inicial das células B". Nature Reviews Immunology. **15** (3): 191-7.
3. Kondo, Motonari (2010-11-01). "Compromisso de linhagem linfoide e mieloide em progenitores hematopoiéticos multipotentes". Immunological Reviews. **238** (1): 37-46.
4. Pelanda, Roberta; Torres, Raul M. (2012-04-01). "Tolerância central das células B: Onde começa a seleção". Perspectivas de Cold Spring Harbor em Biologia. **4** (4): a007146.
5. Martensson, Inga-Lill; Almqvist, Nina; Grimsholm, Ola; Bernardi, Angelina (2010). "The pre-B cell recetor checkpoint". FEBS Letters. **584** (12): 2572-9.
6. LeBien, Tucker W.; Tedder, Thomas F. (2008-09-01). "Linfócitos B: como se desenvolvem e funcionam". Blood. **112** (5): 1570-1580. doi:10.1182/blood-2008-02-078071. ISSN 00064971. PMC 2518873 Γ. PMID 18725575.
7. Loder, By Florienne; Mutschler, Bettina; Ray, Robert J.; Paige, Christopher J.; Sideras, Paschalis; Torres, Raul; Lamers, Marinus

   C.; Carsetti, Rita (1999-07-01). "O desenvolvimento de células B no baço ocorre em etapas discretas e é determinado pela qualidade dos sinais derivados de receptores de células B". The Journal of Experimental Medicine. **190**(1): 75-90.

doi:10.1084/jem.190.1.75. ISSN 00221007. PMID 10429672.

8. Chung, James B.; Silverman, Michael; Monroe, John G. (2003-01-06). "Transitional B cells: step by step towards immune competence". Tendências em Imunologia.**24** (6): 342 348. doi:10.1016/S1471-4906(03)00119-4. ISSN 1471-4906.

9. Cerutti, Andrea; Cols, Montserrat; Puga, Irene (2013-0101). "Células B da zona marginal: virtudes dos linfócitos produtores de anticorpos inatos". Nature Reviews Immunology. **13**(2): 118-32. doi:10.1038/nri3383. PMC 3652659A PMID 23348416.

10. Harwood, Naomi E.; Batista, Facundo D. (2010-01-01). "Eventos precoces na ativação das células B". Revisão Anual de Imunologia. **28** (1): 185-210. doi:10.1146/annurev-immunol-030409-101216. PMID 20192804.

11. Yuseff, Maria-Isabel; Pierobon, Paolo; Reversat, Anne; Lennon-Dumenil, Ana-Maria (2013-01-01). "Como as células B capturam, processam e apresentam antígenos: um papel crucial para a polaridade celular". Nature Reviews Immunology. **13** (7): 475.

12. Nutt, Stephen L.; Hodgkin, Philip D.; Tarlinton, David M.; Corcoran, Lynn M. (2015-01-01). "A geração de células plasmáticas secretoras de anticorpos". Nature Reviews Immunology. **15** (3): 160. doi:10.1038/nri3795. PMID 25698678.

13. Asokan, Rengasamy; Banda, Nirmal K.; Szakonyi, Gerda; Chen, Xiaojiang S.; Holers, V. Michael (2013-01-01). "Recetor de complemento humano 2 (CR2 / CD21) como recetor de DNA: implicações para seus papéis na resposta imune e na patogênese do lúpus eritematoso sistêmico (LES)". Molecular Immunology. **53** (1-2): 99-110.

14. Zabel, Mark D.; Weis, John H. (2001-03-01). "Regulação específica da célula do gene CD21". International Immunopharmacology. Unraveling Mechanisms and Discovering Novel Roles for Complement. **1** (3): 483-493. doi:10.1016/S1567-5769(00)00046-1.PMID 11367532.

15. Blum, Janice S.; Wearsch, Pamela A.; Cresswell, Peter (2013-0101). "Caminhos do processamento de antígenos". Revisão Anual de Imunologia. **31** (1): 443-473.doi:10.1146/annurev-immunol-032712-095910. PMC 4026165". PMID 23298205.

16.Crotty, Shane (2015-01-01). "Uma breve história da ajuda das células T às células B". Nature Reviews Immunology. **15** (3): 185 9. doi:10.1038/nri3803. PMC 4414089 "PMID 25677493.

17 MacLennan, Ian C. M.; Toellner, Kai-Michael; Cunningham, Adam F.; Serre, Karine; Sze, Daniel M.-Y.; Zuniga, Elina; Cook, Matthew C.; Vinuesa, Carola G. (2003-08-01). "Extrafollicular antibody responses". Immunological Reviews. **194**: 8- 18.doi:10.1034/j.1600-065x.2003.00058.x. ISSN 01052896. PMID 12846803.

18 .Shlomchik, Mark J.; Weisel, Florian (2012-05-01). "Seleção do centro germinal e o desenvolvimento de células B e plasmáticas de memória". Immunological Reviews. **247** (1): 52- 63.doi:10.1111/j.1600-065X.2012.01124.x. ISSN 1600065X. PMID 22500831.

19 Bortnick, Alexandra; Chernova, Irene; Quinn, William J.; Mugnier, Monica; Cancro, Michael P.; Allman, David (2012-0601). "Células plasmáticas de medula óssea de longa duração são induzidas precocemente em resposta a antígenos dependentes de células T ou dependentes de células T". O Jornal de Imunologia. **188** (11): 5389 5396. doi:10.4049/jimmunol.1102808.ISSN 00221767. PMC 4341991 ". PMID 22529295.

20 .McHeyzer-Williams, Michael; Okitsu, Shinji; Wang, Nathaniel; McHeyzer-Williams, Louise (2011-01-01). "Molecular programação da memória das células B". Nature Reviews Immunology. **12** (1): 24-34. doi:10.1038/nri3128. PMC 3947622" .PMID 22158414.

21 Kurosaki, Tomohiro; Kometani, Kohei; Ise, Wataru (2015-0101). "Células B de memória". Nature Reviews Immunology. **15** (3): 149. doi:10.1038/nri3802.PMID 25677494.

22 Pillai, Shiv; Cariappa, Annaiah; Moran, Stewart T. (2005-0101). "Células B da zona marginal". Revisão Anual de Imunologia. **23** (1): 161- 196.doi:10.1146/annurev.immunol.23.021704.115728. PMID 1577 1569.

23 Baumgarth, Nicole (2010-01-01). "A vida dupla de uma célula B-1: a auto-reatividade seleciona funções efectoras de proteção". Revisões da Natureza Imunologia. **11** (1): 34- 46.doi:10.103 8/nri2901. PMID 21151033.

24 Rosser, Elizabeth C.; Mauri, Claudia (2015). "Células B reguladoras: Origem,

fenótipo e função". Imunidade. **42** (4): 607-612.doi:10.1016/j.immuni.2015.04.005. ISSN 10747613. PMID 25902480.

25 .Yanaba, Koichi; Bouaziz, Jean-David; Matsushita, Takashi; Magro, Cynthia M.; St.Clair, E. William; Tedder, Thomas F. (2008-06-01). "Contribuições dos linfócitos B para a doença autoimune humana". Revisões Immunological Reviews. **223** (1): 284-299.doi:10.1111/j.1600-065X.2008.00646.x. ISSN 1600-065X.

26 .Arthur L. Shaffer; Young, Ryan M.; Staudt, Louis M. (2012-0101). "Patogênese dos linfomas de células B humanas". Revisão Anual de Imunologia. **30** (1): 565-610.doi:10.1146/annurev- immunol-020711-075027. PMID 22224767.

27 .Kulis, Marta; Merkel, Angelika; Heath, Simon; Queiros, Ana C.; Schuyler, Ronald P.; Castellano, Giancarlo; Beekman, Renee; Raineri, Emanuele; Esteve, Anna (2015-07-01). "Impressão digital de todo o genoma do metiloma do DNA durante a diferenciação de células B humanas". Genética. **47** (7): 746
756. doi:10.1038/ng.3291. ISSN 1061-4036.

Capítulo IV

1. "Cytokine" em John Lackie. A Dictionary of Biomedicine. Oxford University Press. 2010. ISBN 9780199549351

2. "Cytokine" no Stedman's Medical Dictionary, 28ª ed., Wolters Kluwer Health, Lipters Kluwer, Williams & Wilkins (2006). Wolters Kluwer Health, Lippincott, Williams & Wilkins (2006)

3. Horst Ibelgaufts. Citocinas em Citocinas e Células Enciclopédia Online do Pathfinder Versão 31.4 (Edição primavera/verão 2013)

4. Alexander G. Izaguirre. Mediadores Moleculares, Citocinas I: Palestra I: Tópico I: Citocinas

5. Boyle JJ (janeiro de 2005). "Ativação de macrófagos na aterosclerose: patogénese e farmacologia da rutura da placa". Curr Vasc Pharmacol. **3** (1): 63-8.

6. Cannon JG (dezembro de 2000). "Citocinas inflamatórias em estados não patológicos". News Physiol. Sci. **15**: 298
303. PMID 11390930.

7. Vlahopoulos S, Boldogh I, Casola A, Brasier AR; Boldogh; Casola; Brasier (setembro de 1999). "Indução dependente do fator nuclear-kappaB da expressão do gene da interleucina-8 pelo fator de necrose tumoral alfa: evidência de uma via de ativação sensível ao antioxidante distinta da translocação nuclear". Blood. **94** (6): 1878-89. PMID 10477716.

8. David F, Farley J, Huang H, Lavoie JP, Laverty S; Farley; Huang; Lavoie; Laverty (abril de 2007). "Expressão de genes de citocinas e quimiocinas de condrócitos articulares equinos estimulados por IL-1beta". Vet Surg. **36** (3): 221-7. doi:10.1111/j.1532-950X.2007.00253.x.PMID 17461946.

9. Chokkalingam, V.; Tel, J.; Wimmers, F.; Liu, X.; Semenov, S.; Thiele, J.; Figdor, C. G.; Huck, W. T. S. (2013). "Sondando a heterogeneidade celular em células imunes secretoras de citocinas usando microfluídica baseada em gotículas". Laboratório em um chip. **13** (24): 4740-4744.doi:10.1039/C3LC50945A. PMID 24185478.

10. Carpenter LR, Moy JN, Roebuck KA; Moy; Roebuck (março de 2002). "A indução da expressão do gene da quimiocina pelo vírus sincicial respiratório e pelo TNF alfa envolve a ativação diferencial de Rel A e NF-kappa B1". BMC Infect. Dis. **2**: 5. doi:10.1186/1471-2334-2-5. PMC 102322" PMID 11922866.

11. Tian B, Nowak DE, Brasier AR; Nowak; Brasier (2005). "Um programa de expressão genética induzido por TNF sob controlo oscilatório de NF-kappaB". BMC Genomics. **6**: 137.doi:10.1186/1471-2164-6-137. PMC 1262712" PMID 16191192.

12 .Zhang, Jun-Ming; An, Jianxiong (2007-01-01). "Citocinas, Inflamação e Dor". Dor ". Internacional anestesiologia clínicas. **45** (2): 27-37.

13 Gaffen SL (agosto de 2009). "Estrutura e sinalização na família de receptores IL-17". Nat. Rev. Immunol. **9** (8): 556 67. doi:10.1038/nri2586. PMC 2821718. PMID 19575028.

14 . Said EA, Dupuy FP, Trautmann L, et al. (abril de 2010). "A produção de interleucina-10 induzida pela morte programada-1 por monócitos prejudica a ativação das células T CD4+ durante a infeção pelo VIH". Nat. Med. **16** (4): 452-9.

15 James, William; Berger, Timothy; Elston, Dirk (2005). Andrews' Diseases of

the Skin: Dermatologia Clínica. (10ª ed.). Saunders. ISBN 0-7216-2921-0.

16 Saito S (2001). "Conversa cruzada de citocinas entre a mãe e o embrião/placenta". J. Reprod. Immunol. **52** (1-2): 15 33. doi:10.1016/S0165-0378(01)00112-7.PMID 11600175.

17 Chen HF, Shew JY, Ho HN, Hsu WL, Yang YS; Shew; Ho; Hsu; Yang (outubro de 1999). "Expressão do fator inibitório da leucemia e do seu recetor em embriões pré-implantatórios".Fertil. Steril. **72** (4): 713-9. doi:10.1016/S0015-0282(99)00306-4. PMID 10521116.

18 Dinarello CA (agosto 2000). "Proinflamatório citocinas". Chest. **118** (2): 503-8.

19 Dowlati Y, Herrmann N, Swardfager W, et al. (março de 2010). "Uma meta-análise de citocinas na depressão major". Biol. Psychiatry. **67** (5): 446-57.

20 . Swardfager W, Lanctot K, Rothenburg L, Wong A, Cappell J, Herrmann N; Lanctot; Rothenburg; Wong; Cappell; Herrmann (novembro de 2010). "Uma meta-análise das citocinas na doença de Alzheimer". Biol. Psychiatry. **68** (10): 930-41.doi:10.1016/j.biopsych.2010.06.012. PMID 20692646.

21 Locksley RM, Killeen N, Lenardo MJ; Killeen; Lenardo (fevereiro de 2001). "As superfamílias de TNF e de receptores de TNF: integração da biologia dos mamíferos". Cell. **104** (4): 487-501.doi:10.1016/S0092- 8674(01)00237-9. PMID 11239407.

22 Vlahopoulos, SA; Cen, O; Hengen, N; Agan, J; Moschovi, M; Critselis, E; Adamaki, M; Bacopoulou, F; Copland, JA; Boldogh, I; Karin, M; Chrousos, GP (20 de junho de 2015). "O NF-κB aberrante dinâmico estimula a tumorigênese: Um novo modelo que engloba o microambiente.". Revisões de citocinas e fatores de crescimento. **26**: 389-403.doi:10.1016/j.cytogfr.2015.06.001. PMID 26119834.

23 Makhija R, Kingsnorth AN; Kingsnorth (2002). "Tempestade de citocinas na pancreatite aguda". J Hepatobiliary Pancreat Surg. **9** (4): 40110. doi:10.1007/s005340200049.PMID 12483260.

24 Horst Ibelgaufts. Citocinas recombinantes em Cytokines & Cells Online Pathfinder Encyclopedia Version 31.4 (Spring/Summer 2013 Edition)

25 Dimiter S. Dimitrov. Proteínas terapêuticas. Capítulo 1 em Therapeutic Proteins: Methods and Protocols, Editores: Vladimir Voynov, Justin A.

Caravella. Volume 899 de Methods in Molecular Biology. Springer Science+Business Media, LLC 2012. ISBN 978-1-61779-920-4(Impressão) 978-1-61779-921-1 (Online)

26 Woodman, RC; Erickson, RW; Rae, J; Jaffe, HS; Curnutte, JT (15 de março de 1992). "Terapia prolongada com interferão-gama recombinante na doença granulomatosa crónica: evidência contra o aumento da atividade da neutrófilo oxidase". Blood. **79** (6): 1558- 62.PMID 1312372.

27 Key LL, Jr; Rodriguiz, RM; Willi, SM; Wright, NM; Hatcher, HC; Eyre, DR; Cure, JK; Griffin, PP; Ries, WL (15 de junho de 1995). "Tratamento a longo prazo da osteopetrose com interferão gama humano recombinante". The New England Journal of Medicine. **332** (24): 15949. doi:10.1056/NEJM199506153322402. PMID 7753137.

28 Kokkonen, H. Arthritis & Rheumatism, 2 de fevereiro de 2010; vol 62: pp 383-391

29 Nikolaeva LG, Maystat TV, Masyuk LA, Pylypchuk VS, Volyanskii YL, Kutsyna GA; Maystat; Masyuk; Pylypchuk; Volyanskii; Kutsyna (2009). "Alterações nas células T CD4+ e no ARN do VIH resultantes da combinação da terapia anti-TB com Dzherelo em doentes duplamente infectados com TB/VIH". Drug Des Devel Ther. **2**: 87-93. PMC 2761183 Γ. PMID 19920896.

30 Napolitano LA, Grant RM, Deeks SG, et al. (janeiro de 2001). "O aumento da produção de IL-7 acompanha a depleção de células T mediada pelo HIV-1: implicações para a homeostase das células T". Nat. Med. **7** (1): 73-9. doi:10.1038/83381. PMID 11135619.

Capítulo 5

Fonte: Boundless. "Imunidade mediada por células". Boundless Biology. Boundless, 08 ago. 2016. Recuperado em 24 de agosto de 2016 de https://www.boundless.com/biology/textbooks/boundless- biology-textbook/the-immune-system-42/adaptive-immune-response- 234/cell-mediated-immunity-876-12126/

MIX
Papier aus verantwortungsvollen Quellen
Paper from responsible sources
FSC® C105338

Printed by Books on Demand GmbH, Norderstedt / Germany